基于 Revit 平台的建筑安装工程计量与计价案例实训教材

曾开发　李　杰　主　编

U0195718

中国建筑工业出版社

图书在版编目（CIP）数据

基于 Revit 平台的建筑安装工程计量与计价案例实训教材 / 曾开发，李杰主编 . — 北京：中国建筑工业出版社，2020.8
ISBN 978-7-112-25268-8

Ⅰ. ①基…　Ⅱ. ①曾…②李…　Ⅲ. ①建筑安装 — 建筑造价管理 — 计算机辅助设计 — 应用软件 — 教材　Ⅳ. ① TU723.3-39

中国版本图书馆 CIP 数据核字（2020）第 106672 号

责任编辑：张礼庆
责任校对：党　蕾

基于Revit平台的建筑安装工程计量与计价案例实训教材
曾开发　李　杰　主　编
*
中国建筑工业出版社出版、发行（北京海淀三里河路9号）
各地新华书店、建筑书店经销
北京点击世代文化传媒有限公司制版
北京建筑工业印刷厂印刷
*
开本：787毫米×1092毫米　1/16　印张：16　字数：357千字
2020年11月第一版　2020年11月第一次印刷
定价：49.00元
ISBN 978-7-112-25268-8
（36054）

本书编委会

主　编: 曾开发（福建省晨曦信息科技股份有限公司）

　　　　李　杰（福建工程学院）

副主编: 王月志（长春工程学院）

　　　　张　睿（天津城建大学）

　　　　李月莲（福建信息职业技术学院）

　　　　袁　玲（福建林业职业技术学院）

　　　　陈文灵（福建省晨曦信息科技股份有限公司）

参　编: 尹志军（河北工业大学）

　　　　郭　伟（天津城建大学）

　　　　苗泽惠（吉林建筑大学）

　　　　蒋　杰（西南石油大学）

　　　　王黎园（福州大学）

　　　　戴一璟（福建工程学院）

　　　　沈嵘枫（福建农林大学）

　　　　陆　媛（黑龙江东方学院）

　　　　王奕麟（黑龙江东方学院）

　　　　鞠　凯（西安科技大学）

　　　　焦丽丽（云南经济管理学院）

　　　　何宏伟（哈尔滨剑桥学院）

　　　　石　可（武汉学院）

　　　　庄　严（汕头职业技术学院）

　　　　黄丽卿（福建林业职业技术学院）

　　　　付　静（重庆电子工程职业学院）

　　　　蔡　君（贵州中孚格致工程技术有限公司）

　　　　崔志先（福建省晨曦信息科技股份有限公司）

　　　　谭　莉（福建省晨曦信息科技股份有限公司）

　　　　张莲珠（福建省晨曦信息科技股份有限公司）

前 言 | PREFACE

为贯彻落实国务院《国家职业教育改革实施方案》和教育部《关于在院校实施"学历证书 + 若干职业技能等级证书"制度试点方案》的精神，促进全国各类院校在 BIM 应用专业的建设与课程开发，加快推动建筑领域 BIM 应用的高级专业人才培养和"双师型"师资团队建设步伐，中国建筑工业出版社特联合福建省晨曦信息科技股份有限公司，共同编写《基于 Revit 平台的建筑安装工程计量与计价案例实训教材》，旨在通过本书，更好地帮助建筑工程造价从业者、工科院校师生，进一步了解和学习 BIM 技术，提升 BIM 技能。

全书分别从 BIM 概论、BIM 建筑工程、BIM 安装工程、BIM 工程计价展开，全面系统地对 BIM 相关知识进行了梳理，并对在 Revit 平台上拥有广泛用户基础的一系列 BIM 插件软件，进行了详细深入的介绍。

本书以实际工程项目案例为例，帮助读者朋友们更透彻地看懂文中所提及的相关 BIM 软件具体操作方式，从理论到实践层面，进一步了解 BIM 技术是如何在真实项目中进行运用的。由浅入深，帮助大家消化所学。

由于编者受所学限制，本书难免会出现部分错漏，敬请各位读者不吝笔墨，批评指正。希望通过大家的共同努力，更好地推动本书质量的不断完善。

仅将此书作抛砖引玉之用，如能为中国建设工程造价从业者、工科院校师生提供一定程度上的辅助，亦不失本书编写初衷。

为使大家学习时更加方便，编写组特请相关老师录制了讲课视频及部分课件，供大家辅助使用。

编写组
2020 年 6 月

目 录 | CONTENTS

第1章　BIM技术概论

1.1　BIM技术的概念、发展与应用

目前，我国建筑业持续快速发展，工程建设规模不断扩大，重大工程越来越多，涉及的专业日趋复杂，对"四新"技术及管理模式的要求越来越高，建筑企业转型升级势在必行，面对新政策、新市场、新技术、新机遇，建筑企业需要数字化转型，实现新发展。BIM应用作为建筑业信息化的重要组成部分，必将极大地促进建筑领域生产方式的变革。

1.1.1　BIM的概念

建筑信息模型（Building Information Modeling）简称BIM，是一种应用于工程设计、建造、管理的数据化工具，它通过收集建筑工程项目全过程的数据信息建立和完善模型，以数字化的方式表达工程项目实施实体与功能特性。借助这个包含建筑工程信息的三维模型，大大提高了建筑工程的信息集成化程度，从而为建筑工程项目的相关利益方提供了一个工程信息交换和共享的平台。在项目建设的不同阶段，各参与方可以通过对BIM的建立、更新、修改获取所需要的信息和数据及其生成的参数对项目进行决策与咨询、设计与优化、管理与施工、运营与维护，实现项目管理的协同作业。

BIM具有以下四个特点：

1. 可视化

可视化是一种能够同构件之间形成互动性和反馈性的性质，即"所见即所得"，是BIM技术区别与传统2D平面图纸的最大区别之一，传统2D图纸上的各个构配件信息在图纸上采用线条绘制表达，建筑安装工程图的识读成为土建类专业的基本能力。BIM技术将2D转变为3D的可视化模型，让点线面变成了柱、梁、墙、门、窗和屋面等，使得项目参与各方能够对建筑整体一目了然，而且这个建筑中的常用构件还借用参数化、数字化的概念纳入了数据信息及属性，可视化不仅可以用来效果图的展示和报表的生成，更重要的是项目决策、设计、建造、咨询和运维过程中的沟通和讨论都在可视化的状态下进行，可视化模型提高了参与各方的沟通效率。

2. 模拟性

BIM技术建立的3D模型可以实现数据的关联互动，任何一个设计参数发生改变，

其他图形的参数也会发生相应变化，可以将建筑的整体变化直观展示出来。在 3D 模型可视化功能基础上集成时间维度相关信息，可以进行虚拟施工，确定合理的施工方案来指导施工，并直观快速地将实际进度和计划进度进行对比，使项目建设相关方了解项目实施过程的情况，对于项目的质量、进度和安全进行有效控制。在 4D 模型的基础上集成造价管理相关信息形成 5D 模型，可以快速生成项目的成本计划，便于项目的投资管控。此外利用 BIM 技术还可以从设计规划到施工甚至是后期运维通过 BIM 模型进行真实的模拟，如设计阶段的节能模拟、日照模拟、热能传导模拟和运维阶段的紧急疏散模拟等。

3. 优化性

项目的决策、设计、施工和运营本身就是一个不断优化的过程，BIM 模型提供了建筑物的几何信息、物理信息、规则信息等现实信息，也提供了建筑物集成进度数据和成本数据后变化的趋势信息，因此利用 BIM 技术及其各种优化工具可以对复杂的建设项目进行优化。如将项目设计和投资回报分析相结合可以进行项目方案优化，实时计算设计变化对投资回报的影响，项目业主可以确定比较有利于自身需求的设计方案。由于幕墙、屋面、空间等异形结构的投资和施工难度比较大，利用 BIM 模型对这些异形结构的设计和施工方案进行优化，这样可以带来显著的工期优化和造价控制效果。

4. 协同性

项目建设需要各参与方之间的协调、合作和配合，也有单位内部各部门之间配合，还有不同专业之间的配合。利用 BIM 技术可视化和模拟性的特点可以为不同单位、不同部门和不同专业提供有效的信息服务，通过对具体问题的分析、研究，可以打破各环节和工作中存在的信息孤岛。如在设计阶段通过各专业的协同对各专业的碰撞问题进行协调，生成协调数据；在设计与施工的协调方面，寻找工程设计可施工性合适的解决方案。此外，还可以借助于基于 BIM 技术搭建项目管理平台 [如晨曦全资（咨）管控平台（图 1-1）]，建立云平台 + 各方参与 + BIM 工程项目全过程总控管理机制，从根本上解决项目全生命周期各阶段和各专业系统间信息断层问题，全面提高从策划、设计施工、技术到管理的信息化服务水平和应用效果。

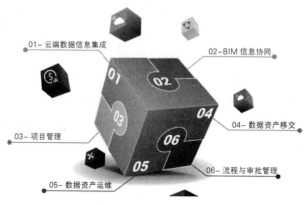

01- 云端数据信息集成　02-BIM 信息协同　03- 项目管理　04- 数据资产移交　05- 数据资产运维　06- 流程与审批管理

图 1-1　晨曦全资（咨）管控平台

5. 可出图性

尽管利用 BIM 技术建立的是 3D 模型，其通过对建筑物进行可视化展示、协调、模拟、优化以后，满足规范所要求的出图要求和习惯，实现建筑设计阶段或施工阶段所需图纸的自动出具，可以帮助建设单位输出经过碰撞检查和设计修改，消除了相应错误以后的综合管线图、综合结构留洞图（预埋套管图）、"碰撞检查"侦错报告和建议改进方案等。

BIM 的可出图性具有一定的优势。首先，BIM 结构图纸中的注释符号不是实体的抽象代号或孤立的注释文本，而是包括了进一步深化这些实体所需要的数字化信息，这些信息可以提取、交换和分析。其次，设计中进行的图纸标注是参数化设计过程，通过调整和修改参数，可以实时进行方案比选。最后，BIM 所输出的图纸始终与模型逻辑相关，当模型发生变化时，与之关联的图形和标注将自动更新。

1.1.2　BIM 技术的发展历程

1. BIM 技术的起源

BIM 技术源于 20 世纪 70 年代，美国佐治亚理工学院查克·伊士曼（Chunk Eastman）借鉴制造业的产品信息模型，提出可以采用计算机三维模拟仿真技术对建筑工程的可视化和全周期进行量化分析，这是 BIM 的起源思想。20 世纪 80 年代，芬兰学者对计算机模型系统深入研究后，提出 "Prouduct Information Model" 系统。2002 年，美国 Autodesk 公司提出 BIM 并推出了自己的 BIM 软件产品，此后全球另外两个大软件开发商 Bentley、Graphisoft 也相继推出了自己的 BIM 产品。从此 BIM 从一种理论思想变成了用来解决实际问题的数据化的工具和方法。

2. BIM 技术在国外的发展

经过 30 多年的发展，美国的 BIM 研究和应用都走在世界前列，通过开发各类 BIM 应用软件、建立各种 BIM 协会、出台相应的 BIM 标准来推进 BIM 技术在工程建设领域的应用。目前美国大多建设项目已经应用 BIM，BIM 的应用点种类繁多，2012 年工程建设行业采用 BIM 的比例就已经达到了 71%，其中 74% 的承包商在实施 BIM，超过了建筑师（70%）及机电工程师（67%）。

英国政府要求强制使用 BIM，2011 年 5 月内阁办公室发布了 "政府建设战略（Government Construction Strategy）"，要求到 2016 年实行全面协同的 3D·BIM，并将全部的文件以信息化管理。北欧国家强制却并未要求全部使用 BIM，由于当地气候的要求以及先进建筑信息技术软件的推动，BIM 技术的发展主要是企业的自觉行为，促进了包含丰富数据、基于模型的 BIM 技术的发展，并导致了这些国家及早地进行了 BIM 的部署。

日本从 2009 年开始，很多设计公司、施工企业开始应用 BIM，而日本国土交通省也从 2010 年开始组织探索 BIM 在设计可视化、信息整合方面的价值及实施流程。2010 年，韩国国土交通海洋部发布了《建筑领域 BIM 应用指南》，指南要求在公共项目中系统地实施 BIM，同时也为企业建立实用的 BIM 实施标准，韩国主要的建筑公司已经都在积极采用 BIM 技术，并对建筑设计阶段以及施工阶段的一体化进行研究和实施。2011 年，新加坡建筑管理署（BCA）发布了新加坡 BIM 发展路线规划，规划强制要求 2013 年提交项目建设必须建立建筑 BIM 模型、2014 年起建立结构与机电 BIM 模型，并且最终在 2015 年前实现所有建筑面积大于 $5000m^2$ 的项目都必须应用 BIM 模型的目标。

3. BIM 技术在我国的发展

近年来，BIM 技术在国内建筑业形成一股热潮，政府机构、各行业协会与专家、设计单位、施工企业、科研院校等开始重视并推广 BIM。

2002 年美国 Autodesk 公司将 BIM 技术引入我国，取得了一定的成效。从 2010 年开始，国务院、住房和城乡建设部和各省市自治区下发了一系列在建筑业推广 BIM 技术应用的文件。2011 年 5 月住房和城乡建设部发布《2011—2015 建筑业信息化发展纲要》要求在施工阶段开展 BIM 技术的研究与应用，推进 BIM 技术从设计阶段向施工阶段的应用延伸，研究基于 BIM 技术的 4D 项目管理信息系统在大型复杂工程施工过程的应用，实现对建筑工程可视化管理等，拉开了 BIM 在中国应用的序幕。2016 年 8 月发布的《2016—2020 年建筑业信息化发展纲要》进一步提出信息化技术要覆盖建筑产业的各个领域以及 BIM 与大数据、物联网、GIS 等多种信息技术的集成应用，加强信息技术在工程质量安全管理中的应用，建立统一的工程项目质量与生产监管信息系统平台，建立基于 BIM 的项目集成管理，并在此基础上促进传统建筑业的生产方式进行更新、改造和升级。近年来，住房和城乡建设部还通过发布《建筑信息模型施工应用标准》和《工程建设项目业务协同平台技术标准》等标准，为我国 BIM 技术应用奠定了基础。此外，交通运输部和各省、市、自治区也先后推出相关 BIM 政策，积极推进 BIM 技术在交通行业和本地区的发展与应用。

为了适应我国 BIM 技术应用的现状和发展趋势，广联达、斯维尔、晨曦、鲁班等企业开发各类 BIM 软件，应用于项目决策、设计、造价管理、项目管理等。近年来，福建省晨曦信息科技股份有限公司为客户提供以工程造价、工程管理、BIM 技术应用为核心的软件产品和解决方案并在全国范围内推出了"晨曦 AI&BIM 一体化解决方案"（图 1-2）。

其中，晨曦 BIM 智能翻模软件抛开传统边线和标注图层提取的概念，结合施工顺序自动读取图纸内容，实现自动完成图纸整理、切割、构件识别转换，使建模效率得到质的飞跃。

而使用一个 BIM 模型，基于 Revit 平台一站式可进行 BIM 土建、钢筋、安装算量，为工程造价企业和从业者提供土建专业全过程各阶段所需工程量；突破 Revit 平台上复杂构件难以布置实体钢筋的难点，实现实体钢筋快速布置和出量，同时满足预算和施工下料；应用 BIM 机电设计快速出量，建立完整模型与施工各环节信息共享，实现计量过程智能化、可视化、精准化。

接着无缝对接全新计价平台，结合 BIM、云计算、大数据等信息技术，支持全国概算、预算、结算、审核全过程造价业务应用。让造价工作更高效、更智能。

然后以 BIM 模型为载体、工程进度为主线、投资管控为核心，通过以进度控制、成本控制、质量控制、风险管理、合同管理以及资产管理为目标的工程项目总控管理，实现对工程项目投资的全过程精细化管理的基于晨曦 BIM 轻量化图形引擎的 5D 管理平台。

图 1-2　晨曦 BIM 生态圈

1.1.3　BIM 技术的应用

建立以 BIM 应用为载体的项目管理信息化，提升项目实施效率、提高工程质量、缩短建设工期、降低建造成本。具体体现如下。

1. BIM 模型维护

根据项目建设进度建立和维护 BIM 模型，实质是使用 BIM 平台汇总项目建设各参与方所有的建筑工程信息，消除项目中的信息孤岛，并且将得到的信息结合 BIM 模型进行整理和储存，以备项目全过程中项目各相关利益方随时共享。目前模型维护主要采用"分布式"BIM 模型的方法，建立符合工程项目现有条件和使用用途的 BIM 模型，这些模型根据主要包括设计模型、施工模型、进度模型、成本模型、制造模型、操作模型等。项目建设各参与方可以根据各自工作范围单独建立，最后通过统一的标准合成，也可以委托独立的 BIM 服务商统一规划、维护和管理整个工程项目的 BIM 应用，以确保 BIM 模型信息的准确、时效和安全。

2. 场地分析

在项目建设规划阶段，往往需要通过场地分析来对景观规划、环境现状、施工配套及建成后交通流量等各种影响因素进行评价及分析。运用 BIM 技术并结合地理信息系统（Geographic Information System，简称 GIS），对场地及拟建的建筑物空间数据进行建模，通过 BIM 及 GIS 软件的强大功能，迅速得出令人信服的分析结果，帮助项目在规划阶段评估场地的使用条件和特点，从而做出新建项目最理想的场地规划、交通流线组织关系、建筑布局等关键决策。

3. 建筑策划

建筑策划需要运用建筑学的原理，借鉴过去的经验并遵守相关规范以实态调查为基础，对项目建设目标进行研究。运用 BIM 技术辅助设计单位对空间进行分析来理解复杂空间的标准和相关法规要求，同建设单位研讨、选择、分析最佳方案时，能借助 BIM 及相关分析数据，决定项目策划的具体要求，设计单位利用 BIM 技术可视化和模拟性的特点随时查看初步设计是否符合建设单位的具体要求和设计依据，通过 BIM 连贯的信息传递或追溯，减少后期施工图设计阶段发现不合格需要修改设计的变更。

4. 可视化设计

BIM 技术的可视化特点使设计单位不仅拥有了三维可视化的设计工具，更重要的是通过工具的提升，使设计师能使用三维的思考方式来完成建筑设计，同时也使建设单位及最终用户摆脱技术壁垒的限制，随时知道自己的投资能获得什么。可视化设计能够在建筑构件之间形成互动性和反馈性，用作效果图的展示及报表的生成，更重要的是项目的决策、设计、建造、运营过程中的沟通、讨论、决策都在可视化的状态下进行，提高项目建设全过程的效率。

5. 方案论证

在方案论证阶段，建设单位可以利用 BIM 技术评估设计方案的布局、视野、照明、安全、人体工程学、声学、纹理、色彩及规范的遵守情况。BIM 技术可以做到对建筑局部的细节推敲，迅速分析设计和施工中可能需要应对的问题，提供方便的、低成本的不同解决方案供建设单位进行选择，通过数据对比和模拟分析，找出不同解决方案的优缺点，并根据最终用户的反馈实时修改工程设计，在 BIM 平台下，项目各方关注的焦点问题比较容易得到直观展现并迅速达成共识，从而减少决策的成本和时间。

6. 协同设计

BIM 技术为协同设计提供底层支撑，可以使分布在不同地理位置的不同专业设计人员通过网络的协同展开设计工作，大幅提升协同设计的技术含量。借助 BIM 的技术优势，协同的范畴也从单纯的设计阶段扩展到建筑全生命周期，需要规划、设计、施工、运营等各方的集体参与，因此具备了更广泛的意义，从而带来综合效益的大幅提升。

7. 性能化分析

利用 BIM 技术，建筑师在设计过程中创建的虚拟建筑模型已经包含了大量几何信息、材料性能、构件属性等设计信息，只要将模型导入相关的性能化分析软件，就可以得到相应的分析结果，原本需要专业人士花费大量时间输入大量专业数据的过程，如今可以自动完成，这大大降低了性能化分析的周期，提高了设计质量，同时也使设计公司能够为业主提供更专业的技能和服务。

8. 工程量统计

BIM 模型包含各种现实信息和趋势信息，利用基于 BIM 技术开发的工程造价管理软件可以快速对各种构件进行统计分析，减少烦琐的人工操作和潜在错误，实现工程

量信息与设计方案的一致性。此外,利用 BIM5D 技术科学准确地进行项目成本的估算,并进行影响工程造价的因素分析,使建设项目管理提升到了一个新的阶段。

9.优化调度

施工单位通过对 BIM4D 的应用可以更精确地制定计划,并进行准确的沟通,而调度优化有助于项目能按时或提前完成。此外,BIM 允许同时完成设计和文档相关工作,并且可以轻松更改文档,以随时适应新的变化,如施工现场的环境变化等。

10.数字化移交

施工单位利用 BIM 技术可以将项目实施过程所有数据发送到现有的建筑物维护软件中,连接到建筑运营系统中,以完成建设项目信息的移交工作。为项目投入使用后的数字化运营管理奠定基础,对于建设项目全生命周期中的设施管理和维修翻新带来事半功倍的效果,以辅助投资方实现良好的投资回报率。

1.2　BIM 政策标准及常见工具

1.2.1　政策标准

1.国外 BIM 政策

在 BIM 发展比较成熟的美、英、日等国,政府或行业协会主要在政策方面大力推动了 BIM 发展,先后发布了很多 BIM 标准及具体的技术政策。2012 年 5 月美国发布了国家 BIM 标准(第二版),形成了较为完整的 BIM 标准体系,随后,英国、芬兰、加拿大、挪威和新加坡也相继于发布了相应的 BIM 标准。可见,发达国家政府都非常重视 BIM 技术和应用,从政府和学术组织的角度出发来制定其 BIM 标准和指南,标准发布后工程项目管理得到了高效发展。

为了使各种工程软件间所创建的模型可以互相转换与交流,在工程项目中,经常需要多个工程软件协同完成任务,不同数据之间就会出现数据交换和共享的需求。IFC(Industry Foundation Class)作为最早的行业推荐性标准之一,规定了建筑产品数据表达标准,通过设置一个公共统一的数据表达与存储方法解决了这个不同软件之间兼容的问题。然而,随着 BIM 技术的应用推广,信息共享与传递过程中对数据的完整性和协调性的要求越来越高,IFC 标准已无法完美解决此类问题,进而出现了能够将项目指定阶段的信息需求进行明确定义以及将工作流程标准化的标准——IDM(Information Delivery Manual)。IDM 标准可解决 IFC 标准在部署时遇到的瓶颈问题,对于与 IFC 兼容的软件确保那些不熟悉 BIM 以及 IFC 的用户收到的信息是正确完整的,并且让他们能够用于工程应用的特定阶段。IDM 标准能够降低工程项目过程中信息传递的失真性以及提高信息传递与共享的质量,使得 IDM 标准能够在 BIM 技术运用过程中创造巨大价值。

随后,2007 年,美国基于 IFC 标准编写了第一部完整的具有指导性和规范性的标准——NBIMS(National Building Information Model Standard)。NBIMS 标准的核心原理和机制包括:相关技术标准的引用、建筑信息分类标准、一致性规范;针对建筑全生命周期不同业务活动的业务流程和交换需求的信息交换标准;以及针对业务流程中的数据建模、管理、交流、项目执行和交付的 BIM 实施标准。如果说 IFC 实现了大量不同工程软件之间的信息转化传递的标准化,那么 NBIMS 标准则主要实现了整个项目生命周期不同专业、不同项目阶段、不同机构参与方的信息交流与共享。

日本建设领域信息化的标准为 CALS/EC(Continuous Acquisition and Lifecycle Support/Electronic Commerce)标准,主要内容包括工程项目信息的网络发布、电子招投标、电子签约、设计和施工信息的电子提交、工程信息在使用和维护阶段的再利用、工程项目业绩数据库应用等。该项标准的出现展示出了 BIM 技术在工程项目中的全局参与性。

ISO/DIS12006—2 是国际标准化组织为各国建立自己的建筑信息分类体系所制定的框架,它对建筑信息分类体系的基本概念、术语进行了定义,并描述了这些概念之间的关系,然后提出分类体系的框架,即分类表的组成和结构,但没有提供具体的分类表,此标准是对多年以来已有的各种建筑信息进行分类系统的提炼。

2. 我国 BIM 政策与标准发展

我国在 BIM 研究方面起步比较早,1998 年国内专业人员开始接触和研究 IFC 标准,但是政策与标准出台较晚。到了 2011 年,我国住房和城乡建设部发布《2011—2015 年建筑业信息化发展纲要》,第一次将 BIM 纳入信息化标准建设内容。2013 年推出《关于推进建筑信息模型应用的指导意见》,2016 年发布《2016—2020 年建筑业信息化发展纲要》,BIM 成为"十三五"建筑业重点推广的五大信息技术之首;进入 2017 年,国家和地方加大 BIM 政策与标准落地,《建筑业十项新技术 2017》将 BIM 列为信息技术之首。

目前已推行的国家层面的 BIM 标准体系主要分为三层,第一层是作为最高标准的《建筑信息模型应用统一标准》,它对 BIM 模型在整个项目生命周期里,该如何建立、如何共享、如何使用做出了统一的规定。第二层是基础数据标准,包括《建筑信息模型分类和编码标准》和《建筑信息模型存储标准》,对 BIM 信息的分类、编码和存储进行标准化。第三层为执行标准,即《建筑信息模型设计交付标准》《制造工业工程设计信息模型应用标准》《建筑信息模型施工应用标准》,规定了在设计、施工、运维等各阶段 BIM 具体的应用,内容包括 BIM 设计标准、模型命名规则,数据该怎么交换、各阶段单元模型的拆分规则、模型的简化方法、项目该怎么交付及模型精细度要求等具体要求。

在国家级 BIM 标准不断推进的同时,各地也针对 BIM 技术应用出台了部分相关标准,比如福建省住房和城乡建设厅于 2017 年 12 月颁布《福建省建筑信息模型(BIM)技术应用指南》。这些标准、规范、准则,共同构成了中国 BIM 标准。而随着这些 BIM 标准的陆续出台和不断完善,BIM 应用将达到一个新的水平。

1.2.2 BIM 常见工具

随着 BIM 技术的发展,BIM 软件层出不穷,一个项目要充分发挥出 BIM 价值需

要涉及的 BIM 软件经常达十几个到几十个之多。下面就 BIM 常见软件工具做些分类介绍。

1. BIM 核心建模软件

BIM 核心建模软件，能够让建筑信息模型在可视化的建模过程中附带上信息，实现模型的信息化。目前国内外用得比较多的 BIM 核心建模软件主要有五类。

（1）美国 Autodesk 公司研发的 Autodesk BIM 系列软件。其中最为通用的是 Autodesk Revit 系列软件，分为 Revit Architecture、Revit Structure 和 Revit MEP 三个模块，分别对应工程项目中的建筑设计、结构设计和机电设计三个模块。也可应用于钢结构、幕墙等专业设计。Autodesk Revit 系列软件在 BIM 模型构建过程中主要有三个特征：一是具备智能设计优势，设计过程实现参数化管理，提供了 Dynamo 可视参数化建模；二是给工程项目的各参与方提供了全新的沟通平台；三是 Revit 软件可以按照建筑师和设计师思考方式进行设计，可以开发更高质量，更加精确的建筑设计。在民用建筑市场借助 AutoCAD 的天然优势，Autodesk Revit 系列软件有相当不错的市场表现，在中国也属于主流软件。

（2）美国 Bentley 公司的 Bently 系列软件。Bentley 软件主要有建筑、结构和设备系列，Bentley 产品在工厂设计（石油、化工、电力、医药等）和基础设施（道路、桥梁、市政、水利等）领域有比较突出的优势。Bentley 的核心产品是 Micro Station 与 Project Wise。以 Micro Station 作为设计和建模的平台，以 Project Wise 作为工程内容管理平台，实现高效率的协同工作以及用户有权限、分阶段的管理控制。Bentley 系列软件的优点是使用流畅，适合大型商业建筑施工设计；各专业设计和协作能力强。但同时也存在软件学习成本大，教学资源少，推广落后，软件沿用 CAD 设计思维，理念滞后，对象库少等局限性。

（3）法国 Dassault 公司的 Dassault 系列软件。其核心建模软件 CATIA 软件是全球最高端的机械设计制造软件，在航空、航天、汽车等领域具有接近垄断的市场地位。当其应用到工程建设行业，无论是对复杂形体还是超大规模建筑，其建模能力、表现能力和信息管理能力都比传统的建筑类软件有明显优势，但其不足之处最明显的是与工程建设行业项目及人员的对接问题，另外缺少针对路桥隧专门的软件，存在大体量模型支持能力差，掌握需要大量的时间，上手慢，软件价格昂贵等不足。

（4）芬兰 Tekla 公司开发的钢结构详图设计软件 Tekla Structure。Tekla Structures 软件可以应用于钢结构工程从设计到施工的全过程信息化管理；具有交互式建模、结构分析、设计、自动 Shop Drawing 以及 BOM（Bills of Material）表自动生产等功能。Tekla Structures 能够很好地应用于海上结构、工业厂房、住宅楼、桥梁、体育馆及摩天大楼的模型创建。

（5）ArchiCAD 系列软件。ArchiCAD 作为基于 BIM 技术最早开发的软件，在众多软件中具有较多的优势，伴随着相关专业技术的发展，其应用性得到更深地开发。ArchiCAD 软件包含三维设计工具，可以为各专业设计人员提供技术支持。同时软件还有丰富的参数图库部件，可以完成多种构件的绘制。但是在中国由于其专业配套的功能（仅限于建筑专业）与多专业一体的设计院体制不匹配，很难实现业务突破。

2. BIM 工程造价软件

（1）PKPM-STAT

各层主要构件的混凝土、砌体工程量及钢筋量；所有楼层的汇总结果，单位面积的材料用量等。该报表提供简单的编辑、打印功能，并可以转换成 Microsoft Excel 数据，方便用户进一步编辑。

（2）广联达工程造价软件

广联达工程造价软件，在全国范围内有着良好及广泛的应用基础，目前市场推出的工程造价方面的软件主要有套价软件、工程量计算软件和钢筋翻样软件。在 BIM 技术应用中，通过在广联达自建平台中完成算量作业，再通过第三方接口，通过 IFC 格式，实现 Revit 平台所建的 BIM 模型与广联达软件进行模型转换。

（3）晨曦工程造价软件

晨曦 BIM 算量造价软件有晨曦 BIM 土建、晨曦 BIM 钢筋、晨曦 BIM 机电、晨曦 BIM 计价。基于 Revit 平台研发的 BIM 算量软件，软件内置《建设工程工程量清单计价规范》及全国各地现行定额、钢筋 G101 制图规则，具有清单定额一键套用，可精准、快速完成工程量汇总、钢筋布置、计算并应用于建筑工程全生命周期数据共享，为施工阶段进度管理、成本管理提供精确的数据支持。

（4）斯维尔工程造价软件

采用"虚拟施工"的方式进行三维建模，可用于 BIM 全过程一体化应用，软件以 CAD 电子图纸为基础，通过建立真实的三维图形模型实现。

3. BIM 协同管控平台

（1）BIM360

Autodesk BIM 360 包含一系列基于云的服务，使用户可以在项目的全生命周期中随时随地访问 BIM 项目信息。该云服务支持模型协调和智能对象数据交换的全新多学科协作，这将改变建筑师、工程师、承包商和业主实时协作、管理和发布建筑及土木基础设施数据的方式。

（2）iTWO 5D 系统

iTWO 是德国 RIB 公司的一款产品，包含了 BIM 算量计价进度和控制。

（3）晨曦 BIM 管控平台

以轻量化 BIM 为纽带，在 Web、PC、iPad、手机等端口上进行交互式信息化应用的建设工程协同管理平台。通过将 BIM 与进度、成本、资源、图纸、施工工艺等关键信息进行关联，提供模拟建造、施工进度的动态跟踪与管理、多算对比的造价支付与管控、物资消耗的实时跟踪、图纸－模型－现场三位一体的现场管理等信息化技术，提高全过程造价管理信息化水平和管理效率。

（4）鲁班 BIM 协同管理平台

围绕工程项目基础数据的创建、管理和应用共享，基于 BIM 技术和互联网技术为行业用户提供了业内领先的从工具级、项目级到企业级的完整解决方案。

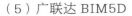

（5）广联达BIM5D

以BIM平台为核心，集成土建、机电、钢构、幕墙等各专业模型，并以集成模型为载体，关联施工过程中的进度、合同、成本、质量、安全、图纸、物料等信息，利用BIM模型的形象直观、可计算分析的特性，为项目的进度、成本管控、物料管理等提供数据支撑，协助管理人员有效决策和精细管理，从而达到减少施工变更，缩短工期、控制成本、提升质量的目的。

4.其他BIM软件

除了核心建模软件，针对不同的功能还有很多不同的软件。常见的有：

（1）BIM可视化软件。常用的可视化软件包括3Ds Max、Lumion、Artlantis、AccuRender和Lightscape等。其中应用得较多是3Ds Max和Lumion这两款软件。

（2）BIM模型综合碰撞检查软件。常见的模型综合碰撞检查软件有鲁班软件、Autodesk Navisworks、Bentley Projectwise Navigator 和 Solibri Model Checker等。而较为常用的是Autodesk Navisworks这款软件。除了碰撞检查，Autodesk Navisworks软件可以帮助所有相关方将项目作为一个整体来看待，从而优化设计决策、建筑实施、性能预测和规划直至设施管理和运营等各个环节。

（3）BIM运营软件。ArchiBUS是目前美国运用比较普遍的运维管理系统，可以通过端口与现在最先进的建筑技术BIM相连接，形成有效的管理模式，提高设施设备维护效率，降低维护成本。除了国外的BIM运营软件，国内的运营管理平台也逐步研发成熟，如晨曦、广联达等公司研发的管理平台。

BIM软件远不止上述提到的软件，就像美国Building SMART联盟主席Dana K. Smitn先生说的："依靠一种软件解决所有问题的时代已经一去不复返了。"随着BIM技术的蓬勃发展，BIM工具也随之越来越多，进一步促进BIM技术的发展。

1.3　BIM在工程造价管理中的应用

1.3.1　BIM在工程造价管理中应用的价值

BIM技术的应用提高了建筑业的信息化程度，使建筑行业从二维图纸迈向三维模型的新时代，对建筑业可持续健康发展起着至关重要的作用。同时，BIM所提供的项目参建各方协同工作、信息共享、贯穿于项目全生命周期的集成管理环境，也为工程造价全过程管理提供了可能，对工程造价管理具有重大价值。

1.有助于工程造价数据的积累和共享

BIM技术本质上是一种信息技术，能够在同一标准下进行数据的积累，用于后续工作的使用，为相关的工作提供可靠的数据支持。同时，BIM模型支持移动应用、数据传输，有效保障了工程造价精细化管理。

2.有助于提高工程算量效率和精度

BIM模型是一个存储项目构件信息的数据库，这些项目构件信息的直接提取，将大大减少人工识别构件信息的工作量以及由此产生的工程量计算错误，不仅可以有效节省造价工程师的时间和精力，使他们更专注于询价、风险评估等更有价值的工作，提高预算编制的精确性。同时，还可依托云计算技术利用云端专家知识库和智能算法自动对模型进行全面检查，提高模型的准确性。

3. 有助于提高造价控制与分析能力

基于 BIM 的工程量计算可更迅速、便捷地将设计方案的成本反馈给设计师，便于在设计的前期阶段对成本进行限额控制。基于 BIM 软件与成本计算软件的集成将成本和空间数据关联，能够自动检测哪些内容发生变更，直观地显示变更结果，并将结果反馈给设计人员，使他们能清楚地了解设计方案的变化对成本的影响，可以更好地应对设计变更。同时，BIM 模型丰富的参数信息和多维度的业务信息能够辅助不同阶段和不同业务的成本分析和控制能力。在统一的三维模型数据库的支持下，从最开始就进行了模型、造价、流水段、工序和时间等不同纬度信息的关联和绑定，能够以最少时间的实时实现任意纬度的统计、分析和决策，保证了多维度成本分析的高效性和准确性，以及成本控制的有效性和针对性。

4. 有助于实现工程造价全过程管理

我国现有的工程造价管理有在决策阶段、设计阶段、交易阶段、施工阶段、竣工阶段和运维阶段的阶段性造价管理，也有全过程造价管理，不连续的管理方式使各阶段、各专业、各环节之间的数据难以实现协同和共享。BIM 技术是一种数字信息的应用，是在项目策划、运行和维护的全生命周期中进行共享和传递，使技术人员对建筑信息做出正确理解和应对，并可以用于设计、建造、管理的数字化方法。它支持建筑工程的集成管理环境，可使建筑工程在其整个进程中显著提高效率、大量减少风险。

1.3.2　BIM 在工程造价管理全过程应用框架及范围

1. BIM 在工程造价管理全过程应用的整体框架

BIM 技术在工程造价管理全过程应用可贯穿于建设项目全生命周期，政府、行业协会、业主、设计单位、承包单位、监理单位、咨询单位等不同主体按自身特定管理目标在建设项目全生命周期的不同阶段从事工程造价管理活动。其应用框架如图 1-3 所示。

2. BIM 在工程造价管理全过程应用范围

基于 BIM 的全过程造价管理可以应用于项目投资决策、设计方案选择和初步设计、技术设计和施工图设计、招投标、施工、竣工验收等项目运作全过程。在项目决策阶段依据方案模型进行快速的估算、方案比选，快速确定投资估算；在设计阶段，根据设计模型组织限额设计、概算编审和碰撞检查，完善设计方案，确定设计概算；在招投标阶段，依据模型编制工程量清单、招标的控制价、施工图预算的编审；在施工阶段，进行成本控制、进度管理、变更管理、材料管理；在竣工阶段，基于模型的结算编审和审核。其应用范围如图 1-4 所示。

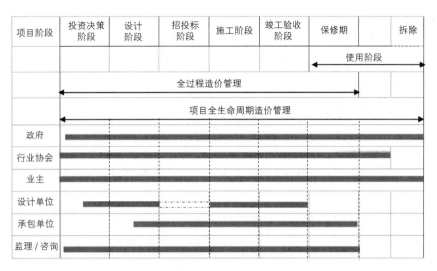

图 1-3　BIM 全过程造价管理应用框架

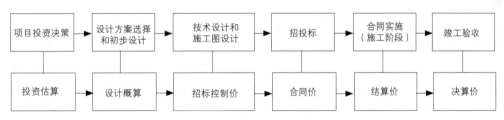

图 1-4　BIM 在工程造价管理全过程应用范围

1.3.3　BIM 在工程造价管理全过程的应用

1. BIM 在项目决策阶段造价管理的应用

在项目决策阶段，基于 BIM 的造价管理工作主要是进行投资估算的编制、审查及方案比选。

随着 BIM 技术应用的不断深入，企业及行业可以积累大量工程的模型库、数据库。依据拟建项目的方案特征，挖掘具有相似特征的历史项目 BIM 模型本身所具有的构造建设数据、技术数据、工程量数据、成本数据、进度数据、应用数据，将其进行抽取、更改，快速搭建出不同方案的可视化模型，依据不同方案进行工程量和造价测算，分析和优先方案，并确定最佳的投资估算方案进行投资建设。

2. BIM 在项目设计阶段造价管理的应用

在项目设计阶段，基于 BIM 的造价管理工作主要是进行限额设计、设计概算的编制以及碰撞检查等工作。BIM 模型的不断丰富所累积的大量历史数据可以为设计阶段项目造价管理提供可靠依据。在项目设计阶段，将 BIM 模型与历史成本、价格等信息有机关联，对比设计限额指标，修正设计中不合理因素，既提高了测算的效率，也提高了概算的准确度，有效地解决了设计阶段造价控制不稳定而对后续造价带来的影响。

利用 BIM 模型信息快速进行工程量的计算、统计、分析，借助历史 BIM 模型数据信息，分析造价指标，快速准确地分析设计概算，提高设计概算准度。同时，基于 BIM 的碰撞检查，可以在虚拟的三维环境下找出设计中的碰撞矛盾，设计图纸中的谬误、遗漏和各专业间的冲突问题，减少项目的"错、碰、漏、缺"，最大可能地消除设计错误，减少设计变更，降低变更费用。

3. BIM 在项目招投标阶段造价管理的应用

在项目招投标阶段，基于 BIM 的造价管理工作主要是进行工程量清单编制、招标控制价编制、施工图预算编审等工作。借助项目 BIM 模型进行工程量自动计算、统计分析，形成准确的工程量清单。建设单位或造价咨询单位将结合项目具体特征，利用 BIM 模型快速编制工程量清单，消除漏项和错算的发生，最大限度地减少施工阶段因工程量问题而引起的纠纷。BIM 模型为招标控制价确定及施工图预算编制和审查提供便利的解决途径。同时，投标单位也可以基于 BIM 开展投标工作，提升投标数据和信息的可靠度，可迅速实现工程量分项比对，制定出合理的投标策略及方案，提高中标的可能性。

4. BIM 在项目施工阶段造价管理的应用

在项目施工阶段，基于 BIM 的造价管理工作主要是进行工程计量、成本计划管理、变更管理等工作。借助关联了项目进度、资源、成本信息的 BIM 模型，可以实现依据项目进度计划进行实际进度已完工程量的计算，完成年度、季度、月度、周或日的资源需求、资金计划，以及构件、分部分项工程或流水段的成本信息查询，支持时间和成本维度的项目管控。同时，基于 BIM 技术，前期通过碰撞检查已发现设计错误并予以更正，项目发生变更的可能性会降低。当变更发生时，可直接在 BIM 模型上进行变更部分的调整、可视，则发生变更费用可预估、变更流程可追溯，可直接获得变更对投资的影响。

5. BIM 在项目竣工阶段造价管理的应用

在项目竣工阶段，基于 BIM 的造价管理工作主要是进行结算管理、审核对量、资料管理和成本数据库积累等工作。基于 BIM 模型进行结算管理，可统一梳理变更、暂估价材料费、施工图纸等可调整项目，防止计算重复或漏算发生。利用 BIM 技术自动对比工程模型，可智能查找量差、自动分析量差原因、自动生成结果，既提高了工作效率，也减少了疏漏和争议。在最终结算工作中，由于涉及造价管理方面资料量大，传统方式不仅会增加工作人员的工作量，而且会产生资料丢失现象。基于 BIM 的进度报量是提高结算数据的规范性和完整性的重要手段，基于 BIM 的进度报量是利用 BIM 技术，将已完成构件自动统计工程量，节省了大量的人力、物力，改变了传统模式需依靠手工或电子表格辅助的方法，效率高效，避免了因票据不全以及工作人员水平而造成计算不准确情况的发生。

第 2 章　BIM 建筑模型创建

2.1　项目概述

2.1.1　Revit Architecture 基本工具应用

打开软件，点击【新建】—【晨曦样板】，进入 Revit 绘图界面，如图 2-1 所示。界面由几部分组成，首先是左上角的应用菜单栏选项，有新建、打开、保存、关闭等与程序相关的一些应用命令选项卡。应用菜单栏的右上侧是快速访问工具栏，如图 2-1 所示，右下侧是上下文选项卡，是对下方功能区的分类，依次为建筑、结构、系统、注释、分析、体量与场地、协作、视图、管理、修改。在建筑选项卡下方的功能区中可以找到与建筑模型相关的部件，比如墙、门、窗、柱等。

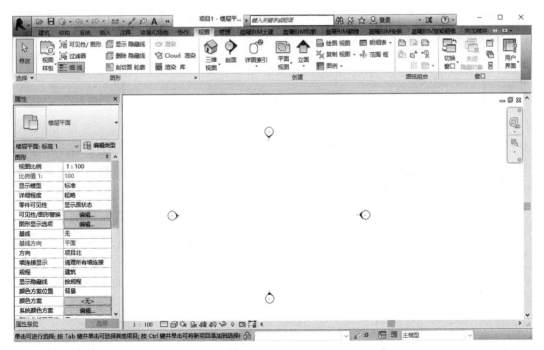

图 2-1　Revit 界面

下面将对 Revit 基本工具进行简单介绍：在修改菜单栏下的功能区，是操作 Revit 的基本工具，如图 2-2 所示。常规的修改工具命令适用于软件的整个绘图过程中，如对齐、移动、偏移、复制、镜像拾取轴、旋转、镜像绘制轴、修建、阵列、拆分等编辑命令。

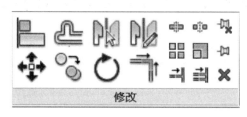

图 2-2 基本工具

单击【修改】选项卡，在【修改】面板下会出现基本工具。下面将依次进行介绍，对齐是将一个或多个图元与选定图元对齐；移动是用于将选定的图元移动到当前视图中指定的位置，在移动时会出现约束选项，约束选项是限制选定图元只能在水平和垂直方向移动；复制用于复制选定图元，并将他们放置在当前视图指定的位置；偏移是将选定的图元复制或移动到其长度的垂直方向上指定距离处；旋转是将选定图元进行任意角度的旋转，拖拽"中心点"可改变旋转中心位置，鼠标拾取旋转参照位置和目标位置，旋转指定图元，也可以在选项栏设置旋转角度值后按回车键，旋转指定图元；阵列用于多图元排布，选择【阵列】，在选项栏中进行相应设置，输入阵列数量，选择【移动到】选项，在视图中拾取参考点和目标点位置，二者间距将作为第一个图元和第二个图元或者最后一个图元的间距值。

2.1.2 Revit Architecture 三维建模基本原理

在 Revit 里，每一个平面、立面、剖面、透视、轴侧、明细表都是一个视图。它们的显示都是由各自视图的视图属性控制，且不影响其他视图。这些显示包括可见性、线型线宽、颜色等控制。作为一款参数化的三维设计软件，在 Revit 里，如何通过创建三维模型并进行相关项目设置，从而获得用户所需要的符合设计要求的相关平立剖面大样详图等图纸，用户就需要了解 Revit 三维建模基本原理。

Revit 文件分为两大类，一类是样板文件，项目样板提供项目的初始状态，Revit Architecture 提供几个样板，也可以自己创建自己的样板。基于样板的任意新项目均继承来自样板的所有族、设置（如单位、填充样式、线样式、纸宽和视图比例）以及几何图形。另一类是族文件，族是一个包含通用属性（称作参数）集合相关图形表示的图元组。属于一个族的不同图元部分或全部参数可能有不同的值，但是参数的集合是相同的。族中的这些变体称作族类型或类型。

Revit 建模是通过组合不同建筑元素来完成的，如墙、柱、板、门、窗等，相当于模拟实际建造过程，所以在建模过程中，需要掌握建筑各部分精确的尺寸，了解建筑各部分的材料以及构造的做法等。

2.1.3　晨曦 BIM 软件简介

1. 软件介绍

晨曦 BIM 软件系基于 Revit 平台二次研发的快速建模及算量软件,可直接在 Revit 平台完成 BIM 建模及算量过程;可直接避免 BIM 模型数据在不同平台导入与导出过程中的损坏或构件数据丢失,实现建模与工程算量过程的 BIM 模型共用,保证 BIM 信息在多专业多阶段传递的连贯性及完整性。

晨曦智能翻智能化设置,一键布置建模,高效完成"二次构件"复杂建模,获取更简单、便捷的操作体验;

晨曦 BIM 土建直接使用 BIM 模型快速出量,为工程造价企业和从业者提供土建专业全过程各阶段所需工程量;

晨曦 BIM 钢筋突破 Revit 平台上复杂构建难以布置实体钢筋的难点,实现实体钢筋快速布置和出量,同时满足预算和施工下料;

晨曦 BIM 安装应用 BIM 设计快速出量,建立完整模型与施工各环节信息共享,实现计量过程智能化、可视化、精准化。

2. 软件安装

在计算机中安装好 Revit 软件后,即可安装晨曦 BIM 相关软件,晨曦 BIM 相关软件安装步骤简单,对用户的计算机操作水平要求较低,只需按照安装操作要求即可完成。如图 2-3 所示。

图 2-3　安装向导

安装完成后,可在电脑桌面生成快捷方式,双击或者右键【打开】均可,直接启动软件后可直接进入 Revit 操作界面。如图 2-4、图 2-5 所示。

图 2-4　启动晨曦 BIM 算量软件

17

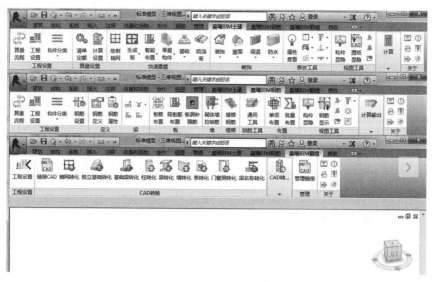

图 2-5　晨曦 BIM 算量软件

3. 新建工程

启动 Revit 平台后,点击【R】—【新建】—【项目】,选择【晨曦样板】,如图 2-6、图 2-7 所示。

图 2-6　新建项目

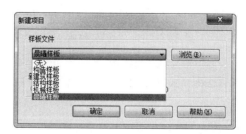

图 2-7　选择样板文件

2.2　楼层和轴网的创建

2.2.1　楼层的创建

选择【晨曦 BIM 土建】选项卡—【工程设置】—【楼层设置】。

楼层设置是用于设置工程的楼层数、层高，根据图纸要求建立标高，通过两个标高的建立形成一个楼层的概念，按照从下到上的顺序依次添加，如图 2-8 所示。

创建标高：设置楼层【层高】【相同数】，然后选定某一楼层为首层，点击【向上添加】或【向下添加】按钮，软件会依据首层标高自动叠加楼层标高；

在【标高设置】面板勾选创建的标高，两个标高组合一个楼层，在楼层显示窗口中显示；创建完成后，立面图如图 2-9 所示。

图 2-8　楼层设置页面

图 2-9　各楼层标高

2.2.2　轴网的创建

如图 2-10 所示，打开相应的楼层平面视图，切换到【晨曦 BIM 土建】选项卡—【绘制轴网】，根据图纸要求，点击【下开间】，取消勾选【自动排序轴号】，输入【轴间距】【跨数】【起始轴号】【终止轴号】，然后依次输入【左进深】【上开间】【右进深】轴号数据，输入完成后，点击【布置】，在视图中布置轴网即可，如图 2-11 所示设置一、二层轴网。其他楼层的轴网创建同上所述。

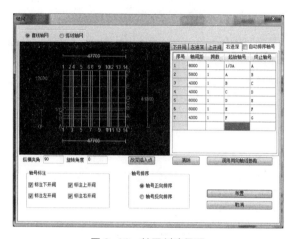

图 2-10　轴网创建界面

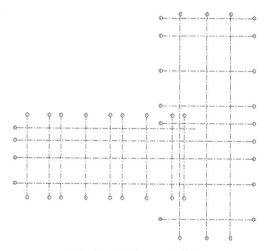

图 2-11　设置一、二层轴网

2.3　基础的创建

2.3.1　图纸分析

识读"结施-02 桩基平面布置图"，如图 2-12 所示，由图可知，3 号宿舍楼为桩基础带承台，承台截面为矩形，均为一阶，承台混凝土强度等级为 C35，承台下方垫层混凝土强度等级为 C15，承台顶标高为 −0.6m。

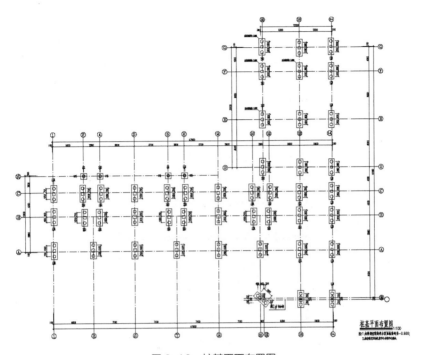

图 2-12　桩基平面布置图

2.3.2　创建并布置独立基础（桩承台）

软件提供的基础构件布置类型有三种：独立、条形、基础板。此处重点介绍独立基础（桩承台）的创建与布置。

1. 定义独立基础（桩承台）

（1）单击【结构】选项卡—【基础】面板—【独立】【条形】【板】，如图 2-13 所示，单击【独立基础】，自动切换至【修改 I 放置】上下文选项卡。

图 2-13　独立基础（桩承台）位置

（2）定义单阶矩形截面桩承台：在【属性】面板中选择【基脚 - 矩形】基础类型—单击【编辑类型】，弹出【类型属性】对话框—【复制】。按图纸重命名基础名称并修改其尺寸参数，CT1 和 CT2 的定义，如图 2-14 所示。

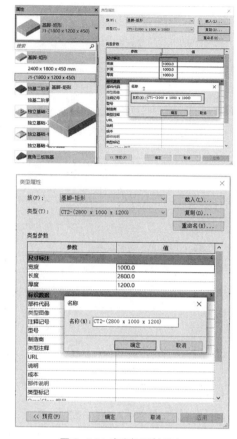

图 2-14　定义矩形桩承台

【知识拓展】

　　输入尺寸时，如果不确定尺寸值，可以点击预览打开预览界面，调整视图进行尺寸输入（右侧输入不同名称尺寸时，左侧预览视图会显示对应尺寸的位置），如图 2-15 所示。

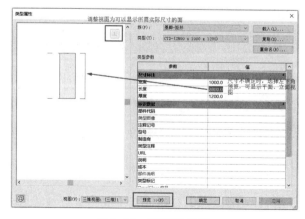

图 2-15　预览界面运用

2. 布置独立基础（桩承台）

进入桩承台放置界面，打开【属性】，单击【类型】选择器下拉列表，选择一种基础类型，按基础平面布置图位置进行布置。布置的方法可以点选布置，也可以选择"在轴网处"批量进行布置，布置过程中注意限制基础标高，如图 2-16 所示，布置完成后按两下"ESC"键退出布置操作。

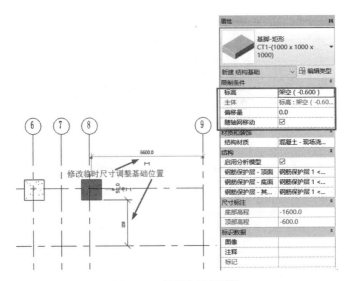

图 2-16 桩承台标高限制

（1）CT1 布置

根据图纸，CT1 在 1/C 轴线上。布置完平面和三维效果，如图 2-17 所示。

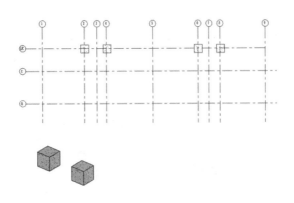

图 2-17 桩承台 CT1 平面和三维图

（2）CT2 布置

同样的方式布置 CT2，需要注意个别承台顶面标高的变动和倾斜布置创建。

根据图纸，CT2 在轴线 G 交 1/11、轴线 F 交 1/11、F 交 13、轴线 E 交 1/11 轴线上，承台顶面标高为 -1.000，【属性】面板中限制条件如图 2-18 所示进行设置，并布置，完成后的平面和三维效果如图 2-19 所示。

图 2-18　桩承台标高 -0.100

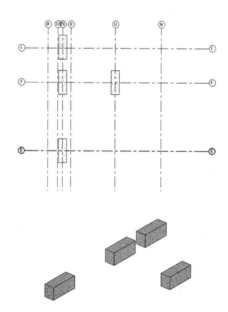

图 2-19　桩承台 CT2 顶面标高 -0.100 的平面和三维图

按图纸，CT2 在轴线 1/11 交 1/A 轴线上倾斜 42°。此时先正放 CT2，利用旋转命令进行角度的确定。

CT2 布置完的效果如图 2-20 所示。

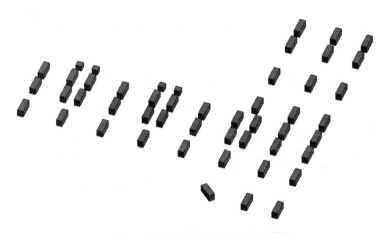

图 2-20　桩承台 CT2 平面和三维图

【知识拓展】

A. 放置独立基础（桩承台）时，按下空格键可以更改独立基础的方向。每次点按空格键时，独立基础（桩承台）将发生旋转，以便与选定位置的相交轴网对齐。

B. 布置筏板基础采用布置底板命令，功能操作同【布置板】。

2.4　柱及有梁板的创建

2.4.1　梁的创建

Revit 提供了梁和梁系统两种创建结构梁的方式。使用梁时须先载入相关的梁族文件。接下来将以基础梁为例为宿舍楼项目创建结构梁，学习掌握梁的创建方法。

（1）接上节模型，打开项目文件。切换至 ±0.000 标高（架空层平面）视图，并检查"规程"是否为"结构"。

（2）根据基础梁平法施工图要求载入族并修改梁参数至所需，分别修改准备所需梁族。单击【结构】—【结构】—【梁】命令，自动切换至【修改放置梁】上下文选项卡中。如图 2-21 ~ 图 2-23 所示，在类型选择器中选择"混凝土 – 矩形梁"族，单击【编辑类型】，打开【类型属性】对话框，复制并新建名称为"JKL1（2）250*500"的梁类型，修改类型参数中的宽度 b 为 250，高度 h 为 500，并修改类型标记为 JKL1（2）250*500。完成后，单击【确定】退出【类型属性】对话框。根据此方法依次将所需 JKL2（2）250*500、L16（1A）200*400 等梁族进行创建（这些步骤也可由项目经理在制作项目样板建立时直接完成）。

（3）如图 2-24 所示，选择【绘制】面板中的绘制方式为【直线】，设置选项栏中的"放置平面"为 ±0.000（架空层平面），修改结构用途为项目所需，不勾选【三维捕捉】和【链】选项。

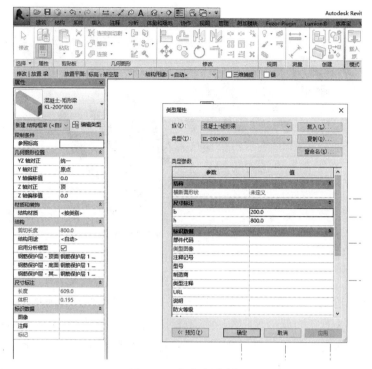

图 2-21　梁族类型选择

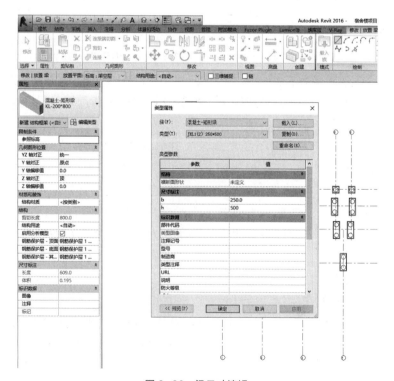

图 2-22　梁尺寸编辑

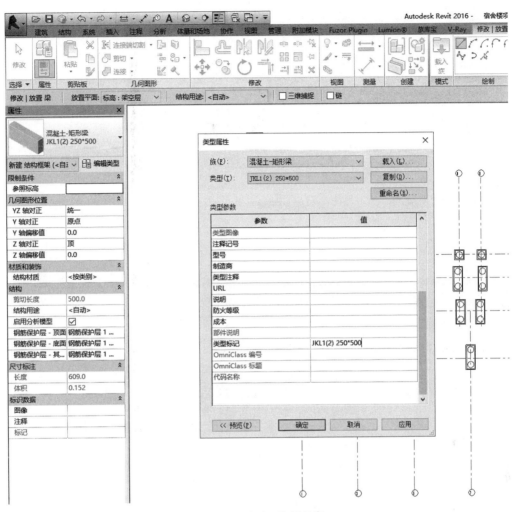

图 2-23　梁类型标记编辑

图 2-24　绘制基础梁设置

（4）确认【属性】面板中的【Z 方向对正】设置为【顶】。即所绘制的结构梁将以梁图元顶面与"放置平面"标高对齐。如图 2-25 所示，移动鼠标至所在梁的起点，单击鼠标左键，再将鼠标移动至梁的终点，单击鼠标左键，完成对 JKL1（2）250*500梁的绘制。

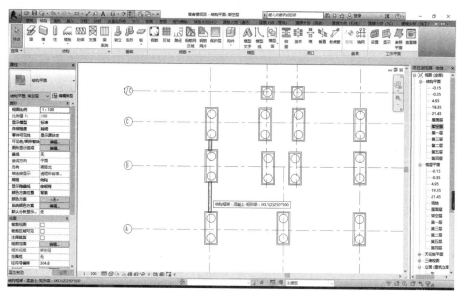

图 2-25　绘制基础梁

（5）使用类似的方法，绘制完成其余的梁，如图 2-26 所示。

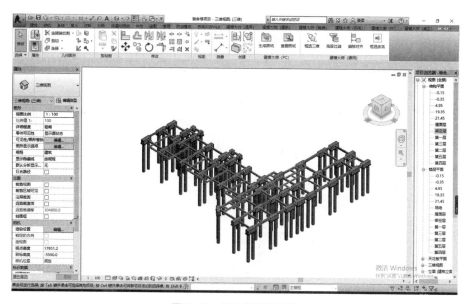

图 2-26　其余基础梁绘制

（6）保存该项目文件。

2.4.2　结构柱的创建

Revit 提供了两种柱，即结构柱和建筑柱。建筑柱适用于墙垛、装饰柱等。在框架结构模型中，结构柱是用来支撑上部结构并将荷载传至基础的竖向构件。本小节以基础顶（-0.600~-1.000m）至第一层平面（2.200m）结构柱的创建为例进行结构柱创建的讲解。创建结构柱，首先需要定义项目中需要的结构柱类型。

（1）接上节，切换视图至 ±0.000 标高（架空层平面）视图，检查并设置结构平面视图【属性】面板中的【规程】为【结构】。

（2）如图 2-27 所示，在 ±0.000 结构平面视图下，单击【结构】—【柱】工具，进入结构柱放置模式。将自动切换至【修改 | 放置结构柱】上下文选项卡。

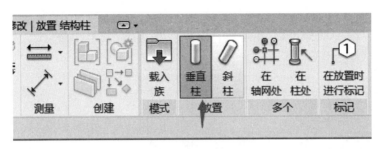

图 2-27　选择柱放置方式

（3）单击【属性】面板中的【编辑类型】按钮，打开【类型属性】对话框，选择符合图纸中相应的结构柱族进行放置（若类型中无图纸中结构柱的尺寸，可选择其中任意类型进行复制并编辑相应尺寸，与梁复制类似）。

（4）确认【修改 | 放置结构柱】面板中柱的生成方式为【垂直柱】；修改选项栏中结构的生成方式为【高度】，如图 2-28 所示，在其后的下拉列表中选择结构柱到达 2.200 标高（第一层平面），代表结构柱从本视图标高至第一层平面标高。

图 2-28　柱放置设置

（5）将鼠标挪动至绘图区域，将会出现"结构柱"的预览位置，鼠标移动至相应位置，如图 2-29 所示，单击左键即可完成对结构柱的创建。

（6）本案列项目中架空层柱底部需达到基础顶部（-600）的位置，所以我们选中刚放置的结构柱，在【属性】面板中设置【底部偏移】的值为 -600 即可完成对此结构柱的创建，如图 2-30 所示。

（7）Revit 还提供了实现同时放置多个相同类型结构柱的方式，单击功能区"多个"面板中的【在轴网处】命令，即可进入"在轴网交点处"放置结构柱的模式，可根据自己的实际需求进行放置方式的选择。

（8）其余结构柱的放置方式和 KZ1-500*500 的放置方式相同，完成后如图 2-31 所示。

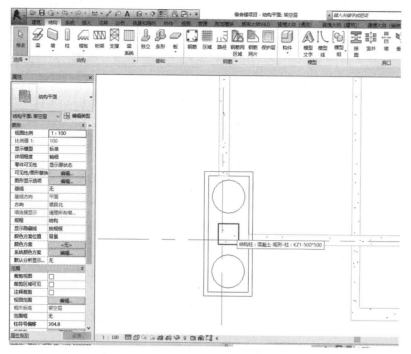

图 2-29 柱放置

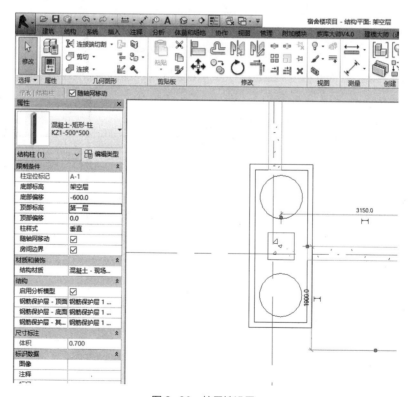

图 2-30 柱属性设置

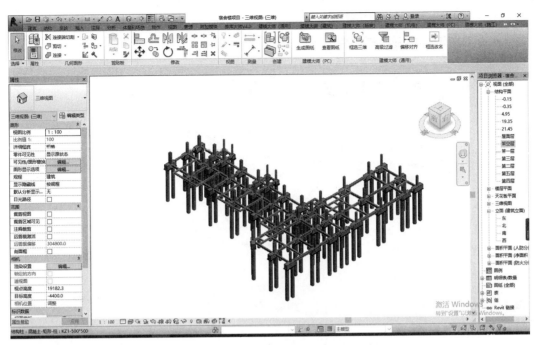

图 2-31　其余柱布置

（9）保存该项目文件。

2.4.3　楼板的创建

楼板是系统族，在 Revit 中提供了四个与楼板相关的命令：【楼板：建筑】【楼板：结构】【面楼板】和【楼板边缘】。其中【楼板边缘】属于 Revit 中的主体放样构件，是通过类型属性中指定轮廓，再沿楼板边缘放样生成带状图元。

（1）单击菜单栏的【建筑】—【楼板】命令，功能区显示【修改 | 创建楼层边界】，如图 2-32 所示。

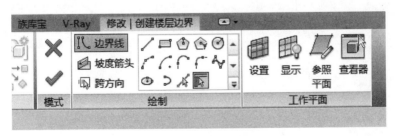

图 2-32　楼板的创建命令

（2）其中，楼板边界的绘制方式与墙体的绘制工具基本相同，包括默认的"直线、矩形、多边形、圆形、弧形等"工具。其中，需要注意的是【拾取墙】，使用该工具可以直接拾取视图中已创建的外墙来创建楼板边界。

（3）楼板的标高是在实例属性中设置，其类型属性与墙体也基本一致，如图 2-33 所示，通过修改结构来设置楼板的厚度。

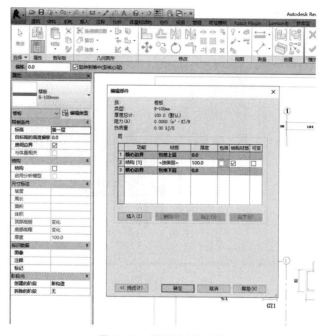

图 2-33　楼板创建的属性

（4）切换视图至 2.200 标高（第一层平面）视图，单击【建筑】—【楼板】命令，选择合适的绘图方式。可使用【修改】面板中的【对齐】【修剪】【延伸】等命令使红色的草图线形成一个闭合的环。如图 2-34 所示，完成后单击【修改 | 创建楼板边界】中的绿色"√"，完成对楼板的编辑模式。

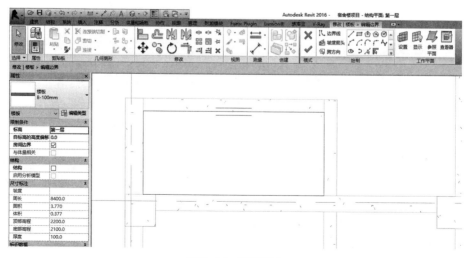

图 2-34　楼板绘制

（5）针对已创建好的楼板，可选中相应楼板，在单击菜单栏中的【修改 | 楼板】—【修改子图元】命令来编辑楼板形状，在修改子图元的时候会出现造型操纵柄，可以选中修改该点的高程，而且除了自动生成的操作点，还可以添加点或分隔线。

（6）其余楼板创建与此类似，绘制完成其余楼板，如图 2-35 所示。

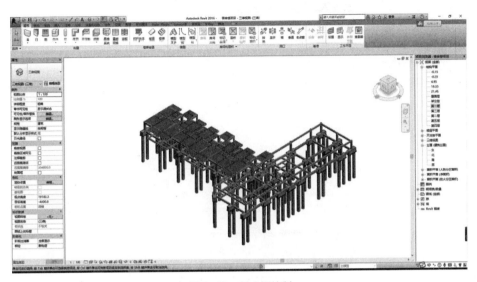

图 2-35　其余板绘制

（7）完成保存该项目文件。

2.5　墙体及门窗的创建

2.5.1　墙体绘制

Revit 中提供了墙的绘制命令，通过点击【墙】工具，按需求选择墙类型，并将该类型墙的实例放置在平面视图或三维视图中，将墙添加到建筑模型中。通过调整墙构件的【编辑类型】，可以在模型中根据需求添加各种不同种类和形状的墙体。

具体操作：

1. 定义墙类型及参数

（1）进入一楼平面标高视图当中。

（2）如图 2-36 所示，点击【结构】选项卡—【结构】面板—【墙】下拉列表—选择【墙：结构】，系统切换到【修改 | 放置墙】选项卡。

（3）在【属性】面板中，选择列表中的【基本墙】族中的【砌体墙 -200】类型，如图 2-37 所示，以此类型为基础创建新的墙类型。

（4）点击【属性】面板中的【编辑类型】，弹出【类型属性】窗口。点击窗口中的【复制】，在弹出的【名称】窗口中输入 "QTWQ- 200 mm"，点击【确定】，为基本墙创建一个新类型，如图 2-38 所示。

图 2-36 结构选项卡

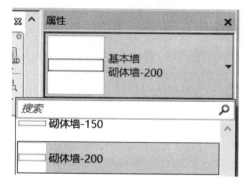

图 2-37 选择墙体类型

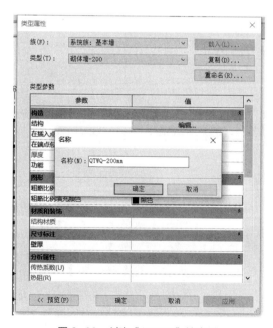

图 2-38 创建"QTWQ"墙类型

（5）点击【确定】，退出所有编辑窗口。修改完毕后即可进行下一个步骤。

2. 墙体绘制

（1）双击项目浏览器中的一楼平面标高，进入一楼平面标高视图中。点击【墙：建筑】，选择墙体类型为"QTWQ-200 mm"，接着在属性浏览器的【限制条件】栏中修改限制条件。设置【定位线】为"墙中心线"，设置【底部限制条件】为"第一层（2.200）"，改【底部偏移】为"2750"，改【顶部约束】为"直到标高：第一层（2.200）"，改【顶部偏移】为"3250"。如图 2-39 所示。

图 2-39　修改墙体限制条件

（2）根据之前所画出的轴线及柱的位置上，参照"仓库物流——结构平面图"中外墙所在位置绘制外墙。如图 2-40 所示，选择【绘制】中的"直线"，点击各道墙体的起终点位置，依次绘制完成平面上的外墙，完成后如图 2-41 所示。其余 100mm 厚墙绘制方法与上述相同。

图 2-40　编辑墙选项栏

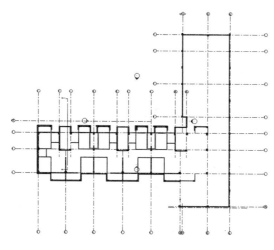

图 2-41　仓库一层墙

2.5.2　门的绘制

门、窗是建筑设计中最常用的构件。Revit Architecture 提供了门、窗工具，用于在项目中添加门、窗图元。门、窗必须放置于墙、屋顶等主体图元上，这种依赖于主体图元而存在的构件称为【基于主体的构件】。删除墙体，门窗也随之被删除。

具体操作：

1.定义墙类型及参数

（1）在项目浏览器中切换视图为【第一层（2.200）】。

（2）点击【建筑】选项卡—【构件】面板—【门】，系统切换到【修改 | 放置门】选项卡，如图 2-42 所示。

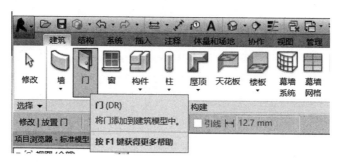

图 2-42　构件选项卡

（3）示例中门的类型主要有三种规格，【1200×2100】【2400×2500】及【1800×2500】，需要通过修改尺寸来修改类型。点击属性面板中的【编辑类型】，弹出【类型属性】窗口。如图 2-43 所示，以【1800×2500】为例，点击窗口中的【复制】，在弹出的【名称】窗口中输入"FM 乙 1825（1800×2500）"，点击【确定】为单扇门创建一个新类型。

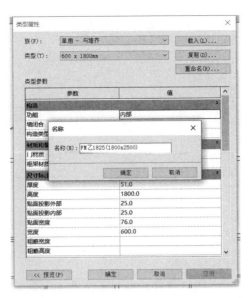

图 2-43　创建 "FM 乙 1825" 门类型

（4）修改门尺寸，分别修改高度为 2500，宽度为 1800，如图 2-44 所示，点击【确定】退出所有编辑窗口。修改完毕后即可进行下一个步骤。

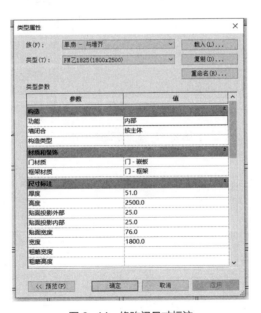

图 2-44　修改门尺寸标注

2. 门的绘制

（1）双击项目浏览器中的【第一层（2.200）】平面标高，进入一楼平面标高视图中。点击【门】，选择门类型为 "FM 乙 1825（1800×2500）"，点击墙体即可放置门，如图 2-45 所示。

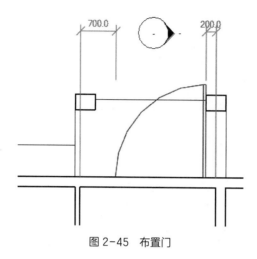

图 2-45　布置门

（2）选中门图元，门图元被激活并切换至【修改 | 门】上下文选项卡，如图 2-46 所示。

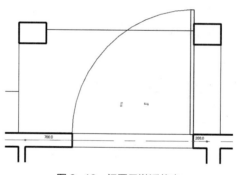

图 2-46　门图元激活状态

（3）单击【更改实例面】按钮，可以翻转门（改变门的朝向），如图 2-47 所示。

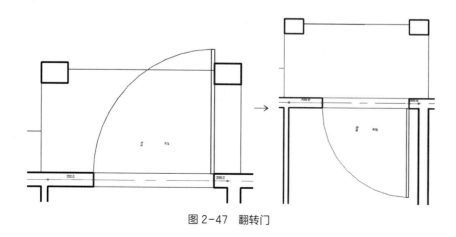

图 2-47　翻转门

（4）单击【翻转实例开门方向】按钮，可以改变开门方向，如图 2-48 所示。

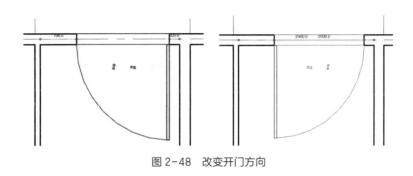

图 2-48　改变开门方向

（5）最后改变门的位置，通过临时尺寸即可改变门靠墙的位置，如图 2-49 所示。

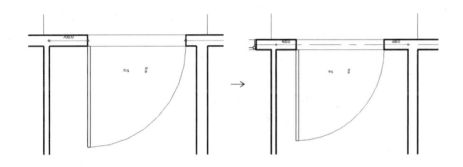

图 2-49　改变门靠墙位置

（6）同样的方法，完成其余门图元的修改，最终结果如图 2-50 所示。

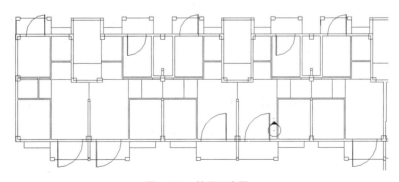

图 2-50　结果示意图

窗和门相同，也需要事先加载与建筑匹配的窗族。

3.定义墙类型及参数

（1）在项目浏览器中切换视图为【第一层（2.200）】。

（2）点击【建筑】选项卡—【构件】面板—【窗】，系统切换到【修改 | 放置窗】选项卡，如图 2-51 所示。

图 2-51 构件选项卡

（3）与创建门的方法相同，依次修改窗的尺寸为【1200×1600】【1500×1600】，点击【确定】退出所有编辑窗口。如图 2-52 所示，修改完毕后即可进行下一个步骤。

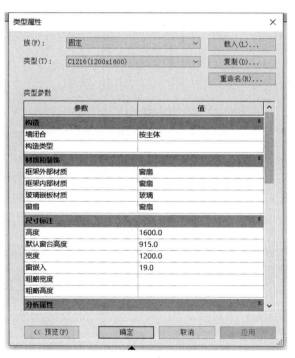

图 2-52 修改窗尺寸标注

2.5.3 窗的绘制

（1）双击项目浏览器中的【第一层（2.200）】标高，进入一楼平面标高视图中。点击【窗】,选择窗类型为"C1216（1200×1600）",点击墙体即可放置窗,如图 2-53 所示。

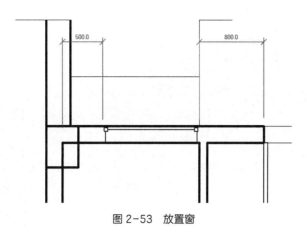

图 2-53　放置窗

（2）选中一个窗图元，窗图元被激活并切换至【修改 | 窗】上下文选项卡，如图 2-54 所示。

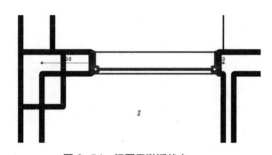

图 2-54　门图元激活状态

（3）调整窗户的位置，通过临时尺寸即可改变窗靠墙的位置，如图 2-55 所示。

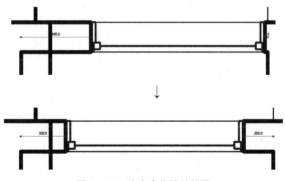

图 2-55　改变窗靠墙的位置

（4）注意所有窗的朝向为窗扇位置靠外墙。切换至三维视图，查看窗户的位置朝向是否有误，如图 2-56 所示。若出现问题，单击【翻转实例面】按钮，可以改变窗户的位置朝向。

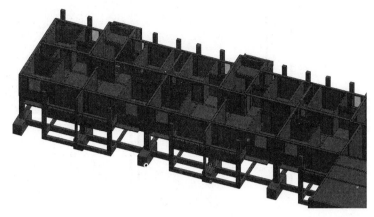

图 2-56　三维视图

（5）同样的方法，完成其余窗图元的绘制，注意楼梯间窗底标高应设为"2.475"。布置结束后如图 2-57 所示。

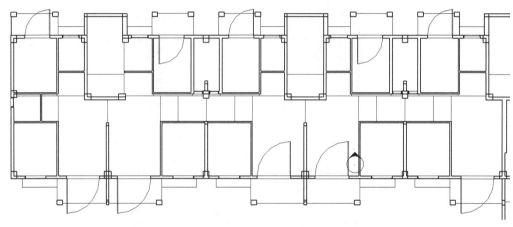

图 2-57　结果示意图

2.6　楼梯、栏杆扶手的创建

　　楼梯是建筑物中作为楼层间垂直交通用的构件。用于楼层之间和高差较大时的交通联系。在设有电梯、自动梯作为主要垂直交通手段的多层和高层建筑中也要设置楼梯。高层建筑尽管采用电梯作为主要垂直交通工具，但仍然要保留楼梯供火灾时逃生之用。楼梯由连续梯级的梯段（又称梯跑）、平台（休息平台）和围护构件等组成。楼梯的最低和最高一级踏步间的水平投影距离为梯长，梯级的总高为梯高。

　　首先介绍楼梯各个部位的名称，在楼梯的绘制过程中只有清楚把握楼梯三维视图各个部位的名称并对应到属性对话框中进行相应的数据设置才能完整地绘制正确的楼梯模型。

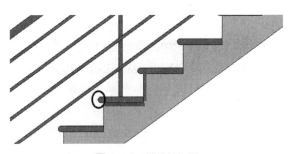

图 2-58　楼梯结构图

如图 2-58 中绿色标注为"最小踏板深度"，红色部位为"踢踏面高度"，黑色圆圈部分为"楼梯前缘轮廓"。上述结构分别对应图 2-59【属性类型】对话框的名称。在选择楼梯踏板和楼梯结构时注意配合 Tab 键来选择。

图 2-59　属性类型对话框中楼梯结构对应名称

Revit 中建立楼梯有两种方式：按构件和按草图。

按构件建立楼梯是指在建立楼梯以前，提前设定好楼梯的台阶数与台阶几何尺寸信息，在平面视图中沿着特定的位置放置设定好数量的楼梯。由于设定的楼梯数量有限，在绘制过程中当楼梯数量用尽后便停止绘制。这就需要用户在建立楼梯前精确计算楼梯的各尺寸信息。

按草图绘制是指在建立楼梯前事先绘制楼梯的轮廓，通过绘制梯段的方式向建筑模型中添加楼梯的方法。利用此方法绘制楼梯梯段时，梯段的踏板数是基于楼板与楼梯类型属性中定义的最大踢面高度之间的距离来确定的。

2.6.1　按构件创建楼梯

【楼梯：按构件】是通过装配梯段、平台和支撑构件的方式来创建楼梯。楼梯的构件包括梯段、平台、支撑和栏杆扶手。建立方式分别为：

梯段：直梯、螺旋梯段、U 形梯段、L 形梯段和草图自定义绘制。

平台：通过拾取两个梯段，在梯段之间自动创建，或草图自定义绘制。

栏杆扶手：在创建楼梯后将自动生成，也可在删除后，拾取主体重新放置。

1. 无休息平台楼梯创建

在"平面视图"上,点击【建筑】—【楼梯坡道】—【楼梯】下拉菜单—【楼梯(按构件)】,在【属性面板】的【类型选择器】中有系统给出的楼梯类型供选择。如图 2-60 所示,举例:选择建筑设计中较为常用的"整体浇筑楼梯"。

图 2-60　楼梯类型属性

（1）修改楼梯实例属性

【属性】中"底部标高"和"顶部标高"及偏移量控制楼梯的底高度和顶高度,在【尺寸标注】中可以更改"踢面数量",踢面高度无法输入,而是通过公式:踢面高度＝楼梯高度／踢面数量,自动计算,如 160=4000/25。踏板深度可以更改。举例:将【所需踢面数】改为 25 个。

（2）选项栏设置

【选项栏】中【定位线】参数有三个选项:左、中心、右,分别代表梯段绘制路径的位置。【偏移量】为绘制时的偏移值。【实际梯段宽度】修改梯段宽度,【自动生成平台】默认处于"勾选"状态,代表将在两个梯段间自动生成休息平台。

（3）栏杆扶手

在【工具】选项板上,点击【栏杆扶手】工具,在【栏杆扶手】对话框中,选择栏杆扶手类型,如果不想自动创建栏杆扶手,则选择【无】,之后根据需要添加栏杆扶手。选择栏杆扶手所在的位置,有【踏板】和【梯边梁】两个选项,根据工程实际选择即可。

（4）创建梯段

在【修改 | 创建楼梯】—【构件】面板上,确认【梯段】默认处于选中状态,在【绘制】面板中选择绘制工具,默认绘制工具为【直梯】,除此外还有【全踏步螺旋】【圆心－端点螺旋】【L 形转角】【U 形转角】和【草图】自定义绘制方式。举例:采用默认【直梯】绘制。

　　在平面视图内，点击楼梯起点，鼠标移动方向代表楼梯的上升方向。每移动一次鼠标会出现"创建多少个踢面，剩余多少个踢面"的提示。举例：向右侧拖动鼠标，一次性完成 25 个踢面的创建，显示"剩余 0 个"提示时，点击鼠标左键。在【模式】面板上，单击绿色"√"完成编辑。切换至三维视图，如图 2-61 所示。

　　其余旋转楼梯和转角楼梯效果如图 2-62 和图 2-63 所示。

图 2-61　直行单跑楼梯效果

图 2-62　旋转楼梯效果

图 2-63　转角楼梯效果

2. 有休息平台楼梯创建

（1）直行双跑楼梯

1）绘制前准备

在平面视图,点击【建筑】—【楼梯坡道】—【楼梯】下拉菜单—【楼梯（按构件）】,举例：设置同无休息平台楼梯。

2）创建梯段

在【构件】面板上,确认【梯段】默认处于选中状态,在【绘制】面板中选择【直梯】。绘图区域点击楼梯起点,举例：向右绘制 12 个踢面后,点击鼠标左键,此时完成前 12 个踢面的绘制。然后,鼠标向右挪动 2000,点击鼠标左键,向右继续创建 13 个梯段,剩余 0 个。代表将自动形成一个 2000mm 长,宽度同梯段宽度的休息平台。点击【模式】中绿色"√",完成编辑。切换至三维视图如图 2-64 所示。

图 2-64 直行双跑楼梯效果

（2）平行双跑楼梯

1）创建前准备

在平面视图,点击【建筑】—【楼梯坡道】—【楼梯】下拉菜单—【楼梯（按构件）】,举例：设置同无休息平台楼梯。

2）创建梯段

在【构件】面板上,确认【梯段】默认处于选中状态,在【绘制】面板中选择【直梯】。绘图区域点击楼梯起点,举例：向右绘制 12 个踢面后,点击鼠标左键,此时完成前 12 个踢面的绘制。然后,鼠标向下挪动,显示临时尺寸为 2000,点击鼠标左键,向左继续创建 13 个梯段,剩余 0 个。将自动形成一个 1000mm 长,宽度与两楼梯同宽的休息平台。点击【模式】中绿色"√",完成编辑。切换至三维视图,如图 2-65 所示。

注：点击【完成】时,会弹出图所示警告,如图 2-66 所示,代表栏杆扶手交界处过于尖锐,该提示通常会在平行双跑楼梯中出现,属于"友情提示",暂可不必处理。点击关闭。

图 2-65　平行双跑楼梯效果

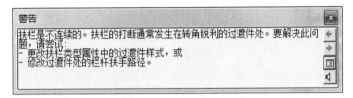

图 2-66　楼梯警告提示

（3）三跑楼梯

1）创建前准备

在平面视图，点击【建筑】—【楼梯坡道】—【楼梯】下拉菜单—【楼梯（按构件）】，举例：设置同无休息平台楼梯。

2）创建梯段

在【构件】面板上，确认【梯段】默认处于选中状态，在【绘制】面板中选择【直梯】。绘图区域点击楼梯起点，举例：向右绘制 8 个踢面后，点击鼠标左键，此时完成前 8 个踢面的绘制。然后，鼠标向右下挪动，显示临时尺寸为 1500，点击鼠标左键，向下继续创建 8 个梯段，剩余 9 个。此时完成中间 8 个踢面的绘制。然后，鼠标向下挪动，显示临时尺寸为 1500，点击鼠标左键，向左继续创建 9 个梯段，剩余 0 个。

将自动形成两个休息平台。点击【模式】中绿色"√"，完成编辑。切换至三维视图，如图 2-67 所示。

图 2-67　三跑楼梯效果

2.6.2 按草图创建楼梯

【楼梯：按草图】是通过楼梯梯段或绘制踢面线和边界线的方式创建楼梯的。

相对比"按构件"方式，"按草图"创建方式更为灵活，并且除了能够实现"按构件"创建上述楼梯的所有形式外，还能够创建比较复杂的曲线楼梯，包括踢面同样为曲线的楼梯。

1.选择楼梯类型

在平面视图上，点击【建筑】—【楼梯坡道】—【楼梯】下拉菜单—【楼梯（按草图）】，在【属性】面板的"类型选择器"中有系统给出的楼梯类型供选择。举例：选择建筑设计中较为常用的"整体浇筑楼梯"。

2.修改楼梯实例属性

楼梯设置同 2.6.3。举例：将"所需踢面数"改为 25 个。

3.创建梯段

在【修改 I 创建楼梯】—【绘制】面板上，确认【梯段】默认处于选中状态，在【绘制】面板中选择绘制工具，默认绘制工具为【直线】，除此外还有【圆心－端点弧】。举例：采用默认【直线】绘制。

在平面视图内，点击楼梯起点，会默认为梯段的中心。鼠标移动方向代表楼梯的上升方向。每移动一次鼠标会出现"创建多个踢面，剩余多少个踢面"的提示。举例：向右侧拖动鼠标，一次性完成 25 个踢面的创建，显示"剩余 0 个"提示时，点击鼠标左键。

4.完成编辑

在【模式】面板上，单击绿色"√"完成编辑。切换至三维视图。

选用"整体浇筑楼梯"类型时，"按草图"与"按构件"创建的区别，"按草图"创建过程中并不显示踢面，"属性面板"中输入"所需踢面数"为 25 个，实际建立时踢面数为 26 个。"按构件"创建时，显示踢面，踢面数量与输入的"所需踢面数相同"均为 25 个，如图 2-68 所示。

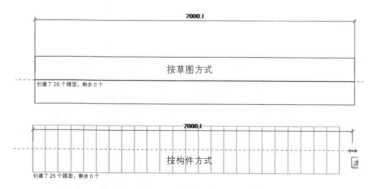

图 2-68 两种楼梯创建方式对比

　　采用类似方法,参照"按构件"创建楼梯可以完成双跑、三跑等常规形式楼梯的创建,在此不再重复举例。

2.6.3　楼梯的定义

　　在"平面视图"上,点击【建筑】—【楼梯坡道】—【楼梯】下拉菜单—【楼梯(按构件)】,在【属性面板】的【类型选择器】中有系统给出的楼梯类型供选择。如图 2-69所示,在类型选择器中选择【整体浇筑楼梯】。

图 2-69　楼梯类型属性

　　【属性】中"底部标高"和"顶部标高"及偏移量控制楼梯的底高度和顶高度,底部标高根据图纸设计为 -0.600,"底部偏移"为 0.0,"顶部标高"设置为【第一层(2.200)】,"顶部偏移"为 0.0,在【尺寸标注】中更改"踢面数量"为 14,实际踏板深度为 270.0。

　　在【选项栏】中【定位线】参数中选择"梯段:右",偏移为"0",实际梯段宽度为"1225"。

　　为了精确定位出楼梯所在的位置,我们采用"参照平面"命令对楼梯进行定位,输入"rp"命令,选择拾取线,输入偏移值为"840",选择参照偏移的直线,即可找出楼梯的起始点,如图 2-70 所示。

　　鼠标单击左键作为楼梯起点,向下进行移动鼠标,当显示剩余楼梯为"0"时表示楼梯创建完成,单击右上角模式下的"√",楼梯即可生成,如图 2-71 所示。

　　其余楼梯的创建与当前的楼梯创建方法相同,绘制后如图 2-72 所示。

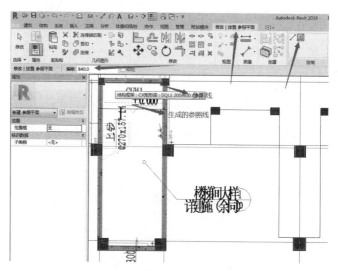

图 2-70　参照平面的绘制

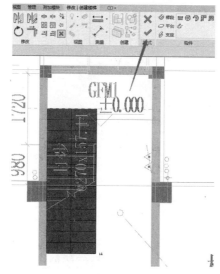

图 2-71　楼梯生成

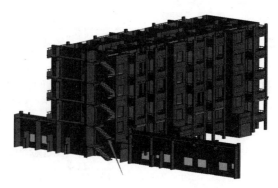

图 2-72　楼梯完成

2.6.4　栏杆扶手创建

点击【楼梯坡道】—【栏杆扶手】，两种创建方式，一种是【绘制路径】，创建的栏杆扶手不依附于任何一个主体，路径可以自由绘制。另一种是【放置在主体上】，在主体（如梯段、坡道等）上自动生成栏杆扶手。

采用第一种方式【绘制路径】创建的栏杆扶手也可以通过拾取主体的方式安装到新土体上。具体如下：

1. 创建栏杆扶手

点击【楼梯坡道】—【栏杆扶手】—【绘制路径】，在平面视图绘制直线，如图 2-73 所示。

2. 拾取主体

若绘制完成的栏杆扶手不在梯段上，这可以采用"拾取新主体"命令。要拾取扶手的主体，可单击【修改 I 创建扶手路径】选项卡下【工具】面板的【拾取新主体】命令，如图 2-74 所示。并将光标放在主体（例如楼板或楼梯）附近，在主体上单击拾取。楼梯栏杆的绘制遵循"轮廓线必须封闭或一条单独的线"原则，如需绘制多方向不连续的扶栏，可采用绘制多次删除重叠的方法来实现。

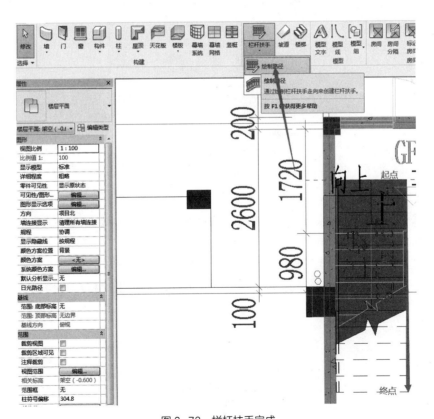

图 2-73　栏杆扶手完成

图 2-74 拾取新主体

2.6.5 编辑扶手

1. 修改扶手结构

在【属性】面板【编辑类型】对话框中，单击【扶手结构】对应的【编辑】。在【编辑扶手】对话框中，为每个扶手指定的属性有高度、偏移、轮廓和材质。要另外创建扶手，可单击【插入】。输入新扶手的名称、高度、偏移、轮廓和材质属性。单击【向上】或【向下】以调整扶手位置。完成后，单击【确定】，如图 2-75 所示。

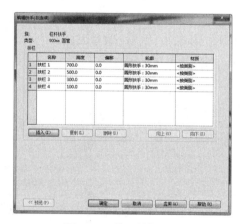

图 2-75 扶手结构设置

2. 修改扶手连接

打开扶手所在的平面视图或三维视图。选择扶手，然后单击【修改扶手】选项卡下【模式】面板的【编辑路径】。单击【修改扶手】—【编辑路径】选项卡下【工具】面板的【编辑连接】工具。沿扶手的路径移动光标。当光标沿路径移动到连接上时，此连接的周围将出现一个框。单击以选择此连接。在【选项栏】上，为【扶手连接】选择一个连接方法。有"延伸扶手使其相交""插入垂直／水平线段""无连接件"等选项，如图 2-76 所示。单击完成编辑模式。

图 2-76 扶手连接

3. 修改扶手高度和坡度

选择扶手，然后单击【修改 I 扶手】选项卡下【模式】面板【编辑路径】，选择扶手绘制线。在【选项栏】上，"高度校正"的默认值为"按类型"，这表示高度调整受扶手类型控制；也可选择"自定义"作为"高度校正"，在旁边的文本框中输入值。在【选项栏】的"坡度"选择中，有"按主体""水平""带坡度"三种方式，如图 2-77 所示。

图 2-77 坡度对话框

"按主体"为扶手段的坡度与其主体（例如楼梯或坡道）相同。

"水平"为扶手段始终呈水平状。需要进行高度校正或编辑扶手连接，从而在楼梯拐弯处连接扶手。

"带坡度"为扶手段呈倾斜状，以便与相邻扶手段实现不间断的连接。

绘制完成后，各扶手样式如图 2-78 所示。

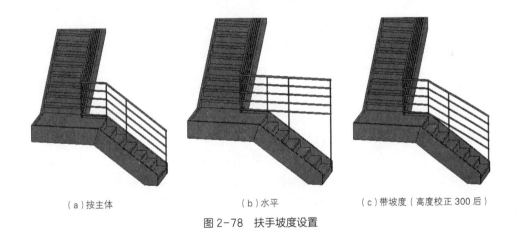

（a）按主体   （b）水平   （c）带坡度（高度校正 300 后）

图 2-78 扶手坡度设置

2.6.6 编辑栏杆

在平面视图中，选择一个扶手。在【属性面板】上，单击【编辑类型】。在【类型属性】对话框中，单击"栏杆位置"对应的"编辑"。在弹出的【编辑栏杆位置】对话框中更改栏杆的样式，如图 2-79 所示。

上部为"主样式"参数如下：

"栏杆族"选择"无"代表显示扶手和支柱，但不显示栏杆。在列表中选择一种栏杆代表使用图纸中的现有栏杆族。

"底部"指定栏杆底端的位置：扶手顶端、扶手底端或主体顶端。主体可以是楼层、

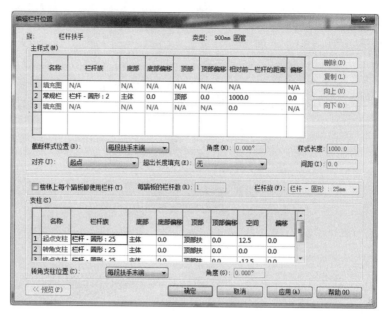

图 2-79　栏杆位置

楼板、楼梯或坡道。栏杆的底端与"底部"之间的垂直距离负值或正值。

"顶部"同"底部"。指定栏杆顶端的位置常为"顶部栏杆图元"。

"顶部偏移"栏杆的顶端与"顶部"之间的垂直距离负值或正值。

"相对前一栏杆的距离"样式起点到第一个栏杆的距离，或（对于后续栏杆）相对于样式中前一栏杆。

"偏移"栏杆相对于扶手绘制路径内侧或外侧的距离。

"截断样式位置"选项扶手段上的栏杆样式中断点执行的选项。选择"每段扶手末端"栏杆沿各扶手段长度展开。

"角度大于"然后输入一个角度值，如果扶手转角等于或大于此值，则会截断样式并添加支柱。一般情况下，此值保持为 0。在扶手转位处截断，并放置支柱。

"从不"栏杆分布于整个扶手长度。无论扶手有任何分离或转角，始终保持不发生截断。

指定"对齐""起点"表示该样式始自扶手段的始端。如果样式长度不是恰为扶手长度的倍数，则最后一个样式实例和扶手段末端之间则会出现多余间隙。

"终点"表示该样式始自扶手段的末端。如果样式长度不是恰为扶手长度的倍数，则最后一个样式实例和扶手段始端之间则会出现多余间隙。

"中心"表示第一个栏杆样式位于扶手段中心，所有多余间隙均匀分布于扶手段的始端和末端。

"展开样式以匹配"表示沿扶手段长度方向均匀扩展样式。不会出现多余间隙，且样式的实际位置值不同于"样式长度"中指示的值。

"楼梯上每个踏板都使用栏杆"，指定每个踏板的栏杆数，指定楼梯的栏杆族。

"支柱"框内的参数如下：

"名称"栏杆内特定主体的名称。

"栏杆族"指起点支柱族、转角支柱族和终点支柱族。如果不希望在扶手起点、转角或终点处出现支柱，请选择"无"。

"底部"指定支柱底端的位置：扶手顶端、扶手底端或主体顶端。主体可以是楼层、楼板、楼梯或坡道。

"底部偏移"支杆底端与基面之间的垂直距离负值或正值。

"顶部"指定支柱顶端的位置（常为扶手）。各值与基面各值相同。

"顶部偏移"支柱顶端与顶之间的垂直距离负值或正值。

"空间"需要相对于指定位置向左或向右移动支柱的距离。

"偏移"栏杆相对于扶手路径内侧或外侧的距离。

"转角支柱位置"选项（参见"截断样式位置"选项）指定扶手段上转角支柱的位置。

"角度"此值指定添加支柱的角度。如果"转角支柱位置"的选择值是"角度大于"，则使用此属性。

2.7　其他构件的创建

2.7.1　场地的创建

Revit 提供的场地构件，可以为项目创建场地红线、场地三维模型、建筑地坪等场地构件，完成现场场地设计。还可以在场地中添加人物、植物以及停车场、篮球场等场地构件，丰富整个场地的表现。在 Revit 中场地创建使用地形表面功能，地形表面在三维视图中显示仅地形，需要勾上剖面框之后才显示地形厚度。地形的创建有三种方式。

第一种是直接放置高程点，按照高程连接各个点形成表面。

第二种是导入等高线数据来创建地形，支持的格式有 DWG、DXF 和 DNG，其中文件需要包含三维数据并且等高线 Z 方向值正确，如图 2-80 所示。

第三种是导入土木工程应用程序中的点文件，包含 X、Y、Z 坐标值的 CSV 或者 TXT 文件。

图 2-80　场地创建

2.7.2 场地构件的放置

在创建地形表面和相应的建筑地坪后，可以在场地中添加树木、电线杆、停车位等构件。直接单击使用功能区的【场地建模】—【场地构件】命令，之后在修改栏中仅显示【载入族】和【内建模型】，这个表明场地构件均为可载入族。

可针对项目选择不同的 RPC 植物、人物、交通工具等进行放置，并综合运用建筑地坪、拆分表面、合并表面、子面域、平整区域等功能来进行场地的建模，如图 2-81 所示。

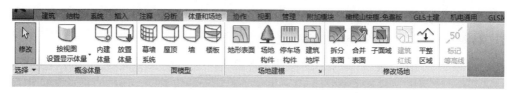

图 2-81　构件放置

本次项目场地采用放置高程点的方式进行地形建模，其后道路、草地等采用建筑地坪、子面域、内建体量等方式进行创建，最后停车位、树木、景观小品等采用场地构件、停车场构件等命令进行放置，完成图如图 2-82 所示。

图 2-82　场地图片

2.8　BIM 翻模

2.8.1　工程设置

1.晨曦 BIM 翻模

所谓"BIM 翻模"，是指把建筑工程的二维施工图纸，转换成可承载各类建筑信息的三维模型的工作过程。目前，为了提高翻模的工作效率和模型的准度与精确度，国内外建筑行业多借助 BIM 翻模软件等专业工具来作为 BIM 翻模的主要手段。

晨曦 BIM 软件提供了强大的翻模功能，操作简便，工作效率高。它可以对基于 AutoCAD 平台绘制的 CAD 建筑工程施工图纸电子文档，通过翻模技术的处理，快速地提取建筑结构主体（建筑施工图与结构施工图中的基础、柱、梁、墙、门窗等主体构件）的各类建模信息，自动转换并创建出 Revit 平台中的建筑模型，大大地提高了 BIM 的建模工作效率。目前，晨曦科技股份有限公司还开发出了新一代的晨曦 BIM 智能翻模软件，其翻模技术更加智能与人性化，翻模效率比起传统翻模软件更加高效。

2. 晨曦 BIM 翻模步骤

利用晨曦 BIM 翻模软件来进行翻模，主要关键工作步骤按操作顺序先后，依次为：【工程设置】【图纸分割与整理】【链接 CAD 图纸】【轴网转化与编辑】【基础转化与编辑】【基础梁转化与编辑】【柱转化与编辑】【梁转化与编辑】【墙转化与编辑】【门窗洞转化与编辑】【表转化与编辑】【梁名称转化与编辑】【柱钢筋转化与编辑】【梁钢筋转化与编辑】【楼板的生成与编辑】等。通过上述步骤的实施，相对于传统建模的工作，快速地把二维建筑 CAD 图纸转化编辑成三维的 Revit 三维实体建筑模型，大大地减少了建模的工作量，极大地缩短了建筑工作时间，大幅度提高 BIM 工作效率。

本节就按照上述翻模工作步骤，依次介绍各个工作环节的操作说明和工作注意要点。

在利用晨曦 BIM 翻模软件进行翻模前，应先新建一个项目，在【晨曦 BIM 翻模】插件选项卡中点击【工程设置】，对即将翻模的工程项目进行各类相关信息与参数设置。这个步骤的工作，与本书的其他章节中的【工程设置】相同，因此可参照其他章节的对应内容进行工程设置。

2.8.2　图纸分割与整理

为了能有效地对接晨曦 BIM 钢筋插件模块的翻模工作，必须对二维的建筑与结构专业施工图纸的 CAD 电子文档进行严格的分割与整理。

1. 图纸的分割

图纸分割的意义，在于为了将来导入 Revit 平台时能更好地使得图纸为翻模工作服务，从而提高翻模的工作效率。图纸的分割目的，是分别将建筑施工图分割，使每层建筑平面成为单独的 CAD 电子文档；分别对结构施工图的基础施工平面布置图、地梁结构平面布置图、各层梁平面布置图、各层板平面布置图、柱子平面布置图、柱表，剪力墙平面布置图等进行分割，使上述结构施工图按层划分、单独成为独立的 CAD 电子文档。

2. 图纸的整理

图纸的整理，是为了方面翻模软件在提取轴网和构件信息时能够尽量准确而不留遗漏，所以图纸的整理意义重大。在分割后的图纸将要导入 Revit 平台之前，必须对各个图纸电子文档进行如下整理：

（1）图纸里的图形元素必须严格按照不同构件、轴网、标注等来划分图层，并分图层进行存放。

（2）轴网必须单独一个图层，不同的构件图形元素必须安排不同图层存放。

（3）应做好图层划分和构件分层存放后的检查工作，尽量仔细复核，确保构件不漏放到指定图层。以避免在翻模时提取图元生成模型时出现局部缺失构件或轴线等问题。

2.8.3 链接 CAD

链接 CAD 的工作内容，主要是将 CAD 文件链接到当前项目当中。

操作步骤：在选项卡上选择【晨曦 BIM 翻模】，点击【链接 CAD】，弹出如图 2-83 所示—找到 CAD 文件所在的位置—设置导入单位为【毫米】、定位为【自动－中心到中心】、选择放置的相应楼层等信息（不勾选【仅当前视图】）—点击【打开】完成链接导入。

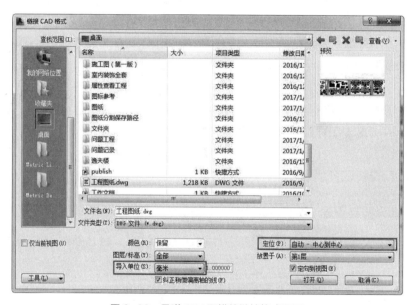

图 2-83　晨曦 BIM 翻模的链接格式界面

工作注意要点：（1）链接类似于拥有一个 AutoCAD 的外部参照，原始链接文件进行修改后，重新载入项目时，这些修改会反映在文件中。

（2）识别的图形构件与 CAD 底图一致，并可以看到 CAD 底图的图层信息。

（3）用户一次只能链接一个 CAD 文件，不支持同时链接多个 CAD 文件，也不支持在一个导入窗口里存放多个 CAD 文件（可存放多个图纸信息），在当前已有 CAD 文件情况下，打开另一个 CAD 文件时，当前文件将被后面打开的文件覆盖。

2.8.4 轴网转化

【轴网转化】是将 CAD 中的轴网图层快速转化为轴网。

操作步骤：在选择卡上选择【晨曦 BIM 翻模】，点击【转化轴网】弹出转化界面，如图 2-84 所示—轴符提取：点击【提取】，在绘图区域的 CAD 图纸中任意选择一个轴符后，其他轴符被隐藏，代表已被选中，提取全部轴符后单击右键点击【取消】或者按 ESC 键退出提取操作，返回到转化窗口—轴线提取：操作步骤同轴符提取—选择转化方式：有【自动转化】和【窗选转化】两种方式—转化弹出【成功转化轴网 * 个】提示框，转化轴网完成。点击【自动转化】，软件会自动一键转化提取的所有轴网。点击【窗选转化】，在绘图区域的 CAD 中，选择转化的轴网范围，软件将把选中的轴网进行转化。

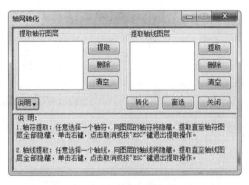

图 2-84　晨曦 BIM 翻模的轴网转化界面

工作注意要点：（1）轴符、轴线提取：任意选择一个轴符 / 轴线后，其他轴符 / 轴线将隐藏，还有轴符 / 轴线未被隐藏，则再次选中；提取到其他构件的符号和边线时，其他构件将按轴线的定义被转化。

（2）轴符 / 轴线提取后，在转化窗口中可看到它们所在的图层号，表明已被提取，而且在绘图界面只显示已提取的图层。

（3）当提取的图层出错，可用【删除】或者【清空】进行重新提取。

（4）只提取轴符而不提取轴线时，不能进行轴网转化；只提取轴线而不提取轴符时，可以对轴线进行转化。

（5）提取轴线标注和边线图层信息后，该信息将一直保存在转化窗口中直至手动清空，这便于再次打开转化窗口时无须再次提取，直接转化。提示：保存的信息只对于当前图纸，若要转化其他的图纸需先清空，再进行提取新图纸的图层信息。

2.8.5　独立基础转化

【独立基础转化】是将 CAD 独立基础图层转化为独立基础模型实体。

1. 操作步骤

在选项卡上选择【晨曦 BIM 翻模】，点击【转化独立基础】弹出转化界面，如图 2-85 所示—点击左下角【设置】，设置相关属性—独立基础标注提取：点击【提取】，在绘图区域的 CAD 中任意选择一个独立基础标注，提取全部标注后单击右键点击【取消】或者按 ESC 键退出提取操作，返回到转化窗口—独立基础边线提取：操作步骤同独立基础标注提取—选择转化方式：有【自动转化】【点选转化】和【窗选转化】三种方式—自动转化弹出【成功转化独立基础 * 个】提示框，转化独立基础完成。点击【自动转化】，软件会自动一键转化提取的所有独立基础。点击【点选转化】，在绘图区域的 CAD 中，鼠标左键点击独立基础内部区域任意一点，软件将会把选中的基础进行转化。点击【窗选转化】，在绘图区域的 CAD 中，框选转化的独立基础，软件将会把选中的基础进行转化。

图 2-85　晨曦 BIM 翻模的独立基础转化界面

2. 工作注意要点

（1）独立基础标注、独立基础边线提取：任意选择一个独立基础标注／边线后，其他独立基础标注／边线将隐藏，还有独立基础标注／边线未被隐藏，则再次选中；提取到其他构件的标注和边线时，其他构件将按独立基础的定义被转化。

（2）只提取独立基础标识符而不提取边线时，弹出窗口提示【独立基础边线图层没提取】；只提取独立基础边线而不提取独立基础标识符时，且勾选上【没名称标注的也转】时，可以对独立基础进行转化，且软件自动为独立基础定义构件名称，相同尺寸的构件为同一描述。

（3）独立基础标识符设置，当设置的标识符与图中独立基础的标识符不一致时，图纸中的独立基础将不能进行转化；勾选【没名称标注的也转】时，图纸中的独立基础可以转化。

（4）提取后，在转化窗口显示已提取的构件图层名称，在绘图窗口显示已提取的构件图层。

（5）提取独立基础标注和边线图层信息后，该信息将一直保存在转化窗口中直至手动清空，这便于再次打开转化窗口时无须再次提取，直接转化。提示：保存的信息只对于当前图纸，若要转化其他的图纸需先清空，再进行提取新图纸的图层信息。

2.8.6　基础梁转化

【基础梁转化】是将 CAD 基础梁图层转化为基础梁实体。

1. 操作步骤

在选项卡上选择【晨曦 BIM 翻模】,点击【转化基础梁】弹出转化界面,如图 2-86 所示—点击左下角的【设置】,设置相关属性—梁标注提取:点击【提取】,在绘图区域的 CAD 中任意选择一个梁标注,提取全部标注后单击右键点击【取消】或者按 ESC 键退出提取操作,返回到转化窗口(一般梁标注都部分很多个图层)—梁边线提取:操作步骤同梁标注—选择转化方式:有【自动转化】和【窗选转化】两种方式—自动转化弹出【成功转化基础梁 * 个】提示框,转化梁完成。点击【自动转化】,软件会自动一键转化提取的所有梁。点击【窗选转化】,在绘图区域的 CAD 中,同时框选梁的边线和标注,软件将会把选中的基础梁进行转化。

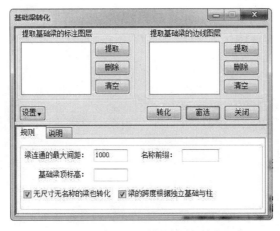

图 2-86　晨曦 BIM 翻模的基础梁转化界面

2. 工作注意要点

(1)转化基础梁与转化梁的区别:转化梁时有区分框架梁、次梁、独立梁与连梁,而基础梁只有一种。

(2)梁标注、梁边线提取:任意选择一个梁标注/边线后,其他梁标注/边线将隐藏,还有梁标注/边线未被隐藏,则再次选中;提取到其他构件的标注和边线时,其他构件将按梁的定义被转化。

(3)梁连通的最大间距表示能够满足尺寸转化正确的且描述和尺寸相同的两根梁之间连通(连在一起)的最大间距。软件中最大间距的默认值为 1000mm,当最大间距设置小于 1000mm 时,部分梁将无法连通,当最大间距大于 1000mm 时,梁能够进行连通。

(4)提取后,在转化窗口显示已提取的构件图层名称,在绘图窗口显示已提取的构件图层。

(5)提取梁标注和边线图层信息后,该信息将一直保存在转化窗口中直至手动清空,这便于再次打开转化窗口时无须再次提取,直接转化。提示:保存的信息只对于当前图纸,若要转化其他的图纸需先清空,再进行提取新图纸的图层信息。

2.8.7 柱转化

【柱转化】是将 CAD 柱图层转化为柱实体。

1. 操作步骤

在选项卡上选择【晨曦 BIM 翻模】，点击【转化柱】弹出转化界面，如图 2-87 所示—点击左下角【设置】，设置相关属性—柱标注提取：点击【提取】，在绘图区域的 CAD 中任意选择一个柱标注，提取全部标注后单击右键点击【取消】或者按 ESC 键退出提取操作，返回到转化窗口—柱边线提取：操作步骤同柱标注提取—选择转化方式：有【自动转化】和【窗选转化】二种方式—自动转化弹出【成功转化柱 * 个】提示框，转化柱完成。点击【自动转化】，软件会自动一键转化提取的所有柱。点击【点选转化】，在绘图区域的 CAD 中，鼠标左键点击柱内部区域任意一点，软件会将选中的柱进行转化。点击【窗选转化】，在绘图区域的 CAD 中，框选转化的柱子，软件会将选中的柱进行转化。

图 2-87　晨曦 BIM 翻模的柱转化界面

2. 工作注意要点

（1）柱标注、柱边线提取：任意选择一个柱标注／边线后，其他柱标注／边线将隐藏，若还有柱标注／边线未被隐藏，则再次选中；提取到其他构件的标注和边线时，其他构件将按柱的定义被转化。

（2）只提取柱标识符而不提取边线时，弹出窗口提示【柱边线图层没提取】；只提取柱边线而不提取柱标识符时，可以对柱进行转化，且软件自动为柱子标注描述，相同尺寸的为同一描述。

（3）提取后，在转化窗口显示已提取的构件图层名称，在绘图窗口显示已提取的构件图层。

（4）提取柱标注和边线图层信息后，该信息将一直保存在转化窗口中直至手动清

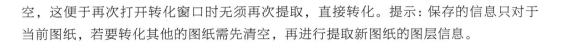

空，这便于再次打开转化窗口时无须再次提取，直接转化。提示：保存的信息只对于当前图纸，若要转化其他的图纸需先清空，再进行提取新图纸的图层信息。

2.8.8　梁转化

【梁转化】是将 CAD 梁图层转化为梁实体。

1. 操作步骤

在选项卡上选择【晨曦 BIM 翻模】，点击【转化梁】弹出转化界面，如图 2-88 所示。点击右方的【设置】，设置相关属性—梁标注提取：点击【提取】，在绘图区域的 CAD 中任意选择一个梁标注，提取全部标注后单击右键点击取消或者按【ESC】键退出提取操作，返回到转化窗口（一般梁标注都分很多个图层）—梁边线提取：操作步骤同梁标注—选择转化方式：有【自动转化】和【窗选转化】两种方式—自动转化弹出【成功转化梁 * 个】提示框，转化梁完成。点击【自动转化】，软件会自动一键转化提取的所有梁。点击【窗选转化】，在绘图区域的 CAD 中，同时框选梁的边线和标注，软件会将选中的梁进行转化。

图 2-88　晨曦 BIM 翻模的梁转化界面

2. 工作注意要点

（1）转化基础梁与转化梁的区别：转化梁时有区分框架梁、次梁、独立梁与连梁，而基础梁只有一种。

（2）梁标注、梁边线提取：任意选择一个梁标注 / 边线后，其他梁标注 / 边线将隐藏，还有梁标注 / 边线未被隐藏，则再次选中；提取到其他构件的标注和边线时，其他构件将按梁的定义被转化。

（3）梁连通的最大间距表示能够满足尺寸转化正确的且描述和尺寸相同的两根梁之间连通（连在一起）的最大间距。软件中最大间距的默认值为 1000mm，当最大间距设置小于 1000mm 时，部分梁将无法连通，当最大间距大于 1000mm 时，梁能够进行连通。

（4）提取后，在转化窗口显示已提取的构件图层名称，在绘图窗口显示已提取构件图层。

（5）提取梁标注和边线图层信息后，该信息将一直保存在转化窗口中直至手动清空，这便于再次打开转化窗口时无须再次提取直接转化。提示：保存的信息只对于当前图纸，若要转化其他的图纸需先清空，再进行提取新图纸的图层信息。

2.8.9 墙转化

【墙转化】是将 CAD 墙图层转化为墙实体。

操作步骤：在选项卡上选择【晨曦 BIM 翻模】，点击【转化墙】弹出转化界面，如图 2-89 所示—墙边线提取：点击提取，切换到软件窗口界面，任意选择一个墙边线后其他墙边线被隐藏，代表已被选中，单击右键点击【取消】或者按 ESC 键退出提取操作，返回到转化窗口—门窗边线提取：步骤同墙边线提取—墙厚设置：从已提供的尺寸中选择墙的厚度，或者自行输入墙的厚度，点击添加—选择转换类型：分为砼❶外墙、砼内墙、砌体外墙、砌体内墙、砖基础、间壁墙等墙类型，根据实际情况转化为所需要的墙体类型—选择墙体材质：砼墙分为砼墙 – 现浇混凝土，砌体墙分为砌体 – 普通砖和砌体 – 加气砼等材质类型，根据实际情况转化为所需要的材质类型—自动转化弹出【成功转化墙 * 个】提示框，转化墙完成。点击【自动转化】，软件会自动一键转化提取的所有墙。点击【窗选转化】，在绘图区域的 CAD 中，同时框选墙的边线，软件会将选中的墙进行转化。

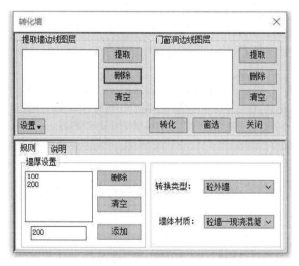

图 2-89　晨曦 BIM 翻模的梁转化界面

---

❶ "砼"为"混凝土"简写，因软件中使用此字，所以文中保留，其余部分同此注。

第3章　BIM 安装模型创建

3.1　项目概述

3.1.1　案例工程项目概述

现代建筑设计除了建筑与结构设计外，还需设计给水排水系统、暖通系统与电气系统以满足建筑功能的完备性与节能要求。机电安装模型因为涉及较多专业（给水排水、暖通和电气）且需要专业间高效协调已成为目前 BIM 主要应用的方向之一。本章将通过案例工程介绍给水排水、暖通及电气专业在 Revit 中的建模方法，通过了解各系统的设置与建模过程使读者了解与掌握上述专业的基本概念与建模方法。

3.1.2　项目准备

BIM 技术的一大特点在于通过使用同一个 BIM 模型实现多专业之间的相互协同，因此我们也直接沿用所建立的 BIM 模型，进行 MEP 模型建立。

1. 新建项目

打开 Revit 软件，进入欢迎界面，单击【新建】选项，在【新建项目】对话框中选择【机械样板】，点击【确定】新建项目。如图 3-1 所示。

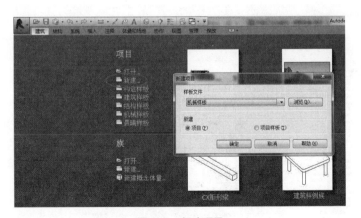

图 3-1　新建项目

2. 链接模型

进入操作界面后，单击切换到【插入】选项卡，在链接面板中单击【链接 Revit】，弹出【导入/链接 RVT】对话框，找到并选择已完成的案例工程 BIM 模型链接。

具体操作如图 3-2 所示。

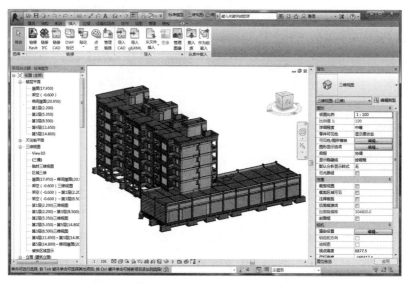

图 3-2　链接 BIM 模型

注意：模型定位应当选择【自动 - 原点到原点】，保证后期各专业模型整合能够对应上。

3. 复制轴网标高

切换到【协作】选项卡，单击【复制/监视功能】下拉，再单击选择【链接】选项，移动鼠标到已链接进来的土建模型上，出现蓝色边框后点击土建模型。如图 3-3 所示。

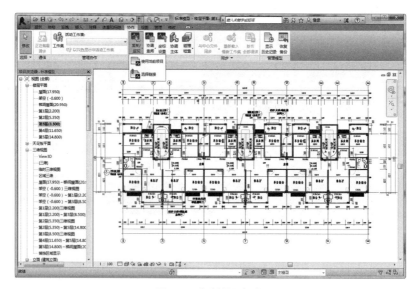

图 3-3　复制轴网标高

选择链接完成后，功能区面板会自动切换成复制监视模式，如图 3-4 所示。单击
【选项】按钮，根据自己的需求在新建类型栏修改要复制的图元复制后的类型，如图 3-5
所示。修改完成后，单击【复制】，在功能区下方出现选项栏，如图 3-6 所示，将多
个复选框勾选，再在平面图（立面图）框选轴网（标高），框选过程中可以配合过滤器
使用，选择完后，单击小的【完成】按钮，待轴网标高都复制完后，再单击绿色勾的【完
成】按钮，完成轴网标高的复制监视。

图 3-4　复制监视模式图

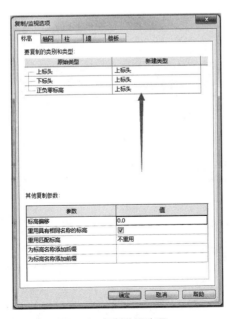

图 3-5　复制监视选项

图 3-6　过滤器

3.1.3　新建、复制楼层平面视图

通过复制监视创建的标高不会相应生成楼层平面视图，需要手动进行添加。

（1）创建楼层平面

切换到【视图】选项卡，如图 3-7 所示，单击【平面视图】下拉选择楼层平面后点击【编辑类型】，如图 3-8 所示，弹出平面视图【类型属性】对话框，如图 3-9 所示，修改"看应用到新视图的样板"属性为无，单击【确定】返回【新建楼层平面】对话框。在对话框中配合 Ctrl/Shift 键，选择要生成楼层的标高，单击【确定】完成楼层平面的创建。

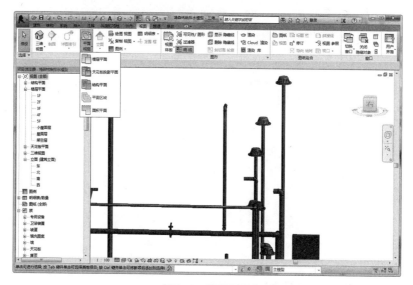

图 3-7　楼层平面

图 3-8　新建楼层平面图

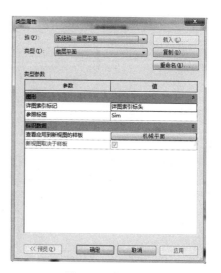

图 3-9　类型属性

（2）复制楼层平面。

（3）创建完成的楼层平面会出现在项目浏览器中协调规程底下，并且子规程为无，如图 3-10 所示。通过修改规程（子规程）参数，可将平面视图归类到其他规程（子规程）下方。

（4）鼠标右键点击需要复制的楼层平面，移动鼠标至"复制视图"，单击【复制】选项，如图 3-11 所示，生成相应的视图副本，再将副本的子规程修改为其他需要创建楼层平面视图的子规程，并对其重命名。

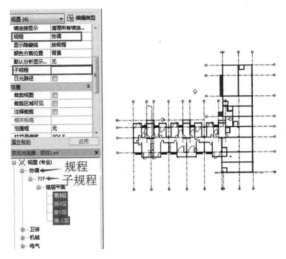

图 3-10 规程

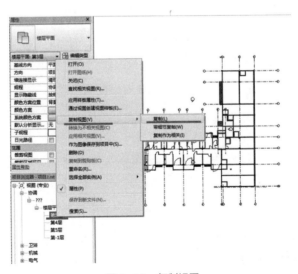

图 3-11 复制视图

注：子规程是机械样板特有的文字参数，可对其进行编辑；规程是软件默认文字参数，不可编辑，控制视图显示状态。

3.1.4 视图组织框架

在项目浏览器里面右键单击【视图（专业）】，单击【浏览器组织】选项，打开【浏览器组织】对话框，单击【编辑】按钮，如图 3-12 所示，弹出【浏览器组织属性】对话框，切换到【成组和排序】选项卡，根据需求修改成组条件为"子规程"（父集），否则按"族与类型"进行排序（子集），如图 3-13 所示。根据需求对排序方式进行修改，完成后单击【确定】按钮退出属性对话框，再单击【确定】完成对项目组织框架的编辑。

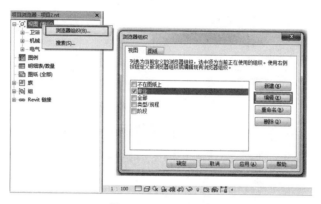

图 3-12 项目浏览器

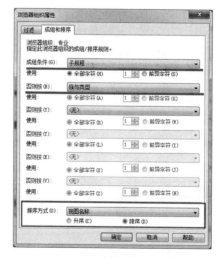

图 3-13 浏览器组织属性

3.2 给排水工程的创建

3.2.1 管道设置

（1）管线与设备模型的创建是机电安装模型的基础，因此在各系统模型创建前需要对管线与设备族进行设置以利于后续系统模型的快速、高效建立。

（2）打开软件，打开【管理】选项卡下的【MEP 设置】中的【机械设置】即可进行风管与管道设置，如图 3-14、图 3-15 所示。

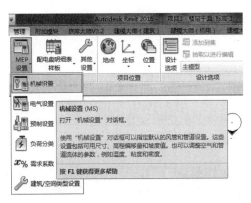

图 3-14　MEP 设置

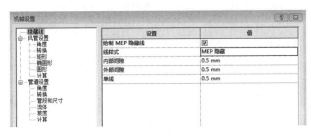

图 3-15　机械设置

其中，【风管设置】与【管道设置】中的【角度】用以设定两段管道之间的偏移角度。选择【使用任意角度】则两段管道之间可绘制任意的角度（图 3-16A）。选择【使用特定角度】绘制的管线夹角被限定为特定值（图 3-16B）。

【管道设置】中的【管段和尺寸】用以删除、调整与增设管道材质与尺寸。选中【新建尺寸】可以新增列表中不存在的管段尺寸（图 3-17）。其中，勾选【用于尺寸列表】则放置管道模型时新建尺寸会出现在管道布局编辑器中供用户选择，勾选【用于调整大小】则可将该尺寸参数应用于系统提供的【调整风管 / 管道大小】功能中。选中需要删除的管段尺寸可以点击【删除尺寸】以删除所选定的管道尺寸。若需要对管段的材质、规格与类型进行新增则可点击【新建管段】进行设置（图 3-18）。

图 3-16A　使用任意角度绘制的管线夹角

图 3-16B　使用特定角度绘制的管线夹角

图 3-17　新建管段尺寸

图 3-18　新建管段材质、规格和类型

【管道设置】中的【流体】【坡度】和【计算】用于设定管道中流体的性质，为后续的管道水力计算提供依据。

3.2.2　管道绘制

1.给水排水管道的绘制可以通过点击【系统】下的【卫浴和管道】中的【管道】来进行绘制。点击后可以绘制管道或对管道进行修改（图 3-19、图 3-20）。

图 3-19　管道绘制

图 3-20　管道修改

2. 管道绘制前需要明确绘制管道所属的系统、管道材质与尺寸、管道的空间位置。以上均可以通过管道的【属性】面板进行调整。点击管道【属性】面板中的【机械】下的【系统类型】选择对应的管道系统，本案例中选定【生活冷水】系统。其次，通过下拉菜单选定管道的直径。最后可以通过设置【水平对正】【垂直对正】【参照标高】和【偏移量】调节所要绘制管道的大小及空间位置。

3. 若修改管线材质与标准可通过依次点击【类型属性】下的【布管系统配置】后的【编辑】进行所需管道的选定。还可以对管道的连接方式，诸如弯头、三通与四通进行设置。或进一步地通过【载入族】的方法载入所需管道。

4. 管道对正：可以通过不同的对正与偏移来设定两个管段间的连接方式（图 3-21）。其中，【水平对正】用于设定水平面上两个管道之间的对齐方式，图 3-22 依次为【水平对正】调整值为【左】【中心】【右】时的对比示意图。【水平偏移】用于指定管道绘制点位置与实际管道绘制之间的偏移距离，图 3-23 依次为同一水平轴线绘制时调整水平偏移值为 0、100 和 500 时的对比示意图。【垂直对正】用于指定两个管段之间垂直对齐方式，图 3-24 依次为两个管道【垂直对正】为【中】【底】【顶】时的对比示意图。

图 3-21　管道的对正方式

图 3-22　不同水平对正方式对比

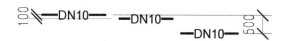

图 3-23　水平偏移对比

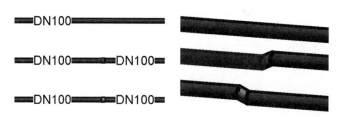

图 3-24　不同垂直对正方式对比

5. 管道自动连接：通常用于管道在绘制开始与结束时自动捕捉相交点并添加管件的连接。图 3-25 分别为【自动连接】未激活和激活时的对比图。当激活【自动连接】时，相交的管道处自动生成四通进行连接。

6. 坡度设置：在绘制管线前可通过设置坡度与坡度值的方式确定管线的坡向（图 3-26）。也可以在管段完成绘制后在【坡度】中编辑修改（图 3-27）。

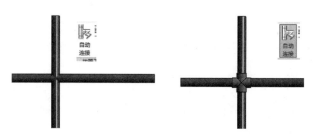

图 3-25　不同自动连接方式对比

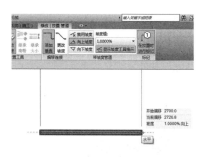

图 3-26　管道绘制前坡度设定

图 3-27　管道绘制后坡度设定

7. 管道占位符：管道占位符用于管道的单线显示。管道占位符与管道可以相互转换。初期设计时可利用管道占位符代替管道以提高运行速度，并且管道占位符支持碰撞检查（图 3-28）。

图 3-28　管道与管道占位符

8. 管件与管路附件：管件与管路附件均可以通过添加的方式放置在管道上。添加方式可分为自动添加与手动添加。自动添加管件与管路附件的操作方法见 3.2.2 第 1 条；手动添加管件与管路附件可以通过依次点击【系统】选项卡下的【卫浴与管道】下的【管件】或【管路附件】在管道上添加。也可以通过【修改 | 放置管件】或【修改 | 放置管路附件】中的【载入族】将所需族从文件夹中载入。

3.2.3　管道显示与标注

1. 管道显示：在 Revit 中有 3 种视图来显示所绘制的管道，分别是：粗略、中等与精细。可以点击视图控制栏下的【详细程度】进行显示，上述三种所显示的管道图样如图 3-29 所示。在精细视图下管道及其附件双线显示，具有较高精度，便于成果观察。粗略与中等精度为单线显示，对于大型复杂工程可节省系统内存开销。

图 3-29　三种不同显示模式对比

2. 管道图例：可与依据特定参数对管道进行着色，以方便用户进行特定问题的分析。例如：分别绘制 DN50 和 DN100 的冷水管，然后依次点击【分析】选项卡下的【颜色填充】下的【管道图例】，即可实现对现有管道添加图例（图 3-30）。

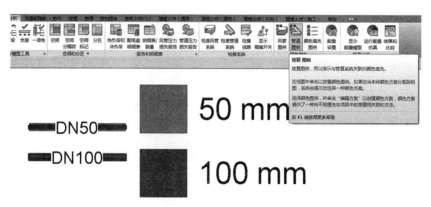

图 3-30　不同尺寸管段的图例

此外，也可以根据特定参数利用图例进行区分。在管道【属性】面板中分别设置上述两条管线的流量为 1L/s 和 3L/s。点击图例后依次选择【修改 | 管道颜色图例填充】下的【编辑方案】，设置颜色为流量；选择按范围，并区分数值设定为 2L/s，则图例切换为按流量区分图例（图 3-31）。

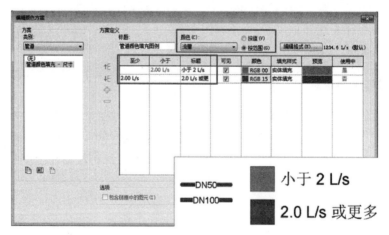

图 3-31　按流量区分的图例

3. 管道标注：在设计和出图中需要对管道的尺寸进行标注，常见的标注为尺寸标注、标高标注和坡度标注。

其中，管道的尺寸标注可以在绘制管道时选中【在放置时进行标记】，管道的直径会在管道画出后显示在管道上。此外，也可以在管道绘制后点击【注释】选项卡下的【按类别标记】点击需要标注的线段，完成标注。两种标注如图 3-32、图 3-33 所示。

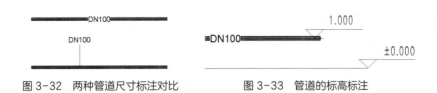

图 3-32　两种管道尺寸标注对比　　　　　图 3-33　管道的标高标注

管道的标高标注：绘制管道后依次点击【注释】选项卡下的【尺寸标注】中的【高程点】，选中管线则可完成标高的注释。

管道的坡度标注：绘制一条带有坡度的管线，在【注释】选项卡下的【尺寸标注】中的【高程点坡度】，然后点击管线完成坡度标注（图 3-34）。此外，还可以通过设置管线两段的高程点与坡度夹角完成对坡度值的修改。

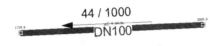

图 3-34　管道的坡度标注

3.2.4　给排水工程的创建

1.CAD 图纸导入：在 Revit 模型中创建给排水系统需要先将 CAD 底图导入，并在 CAD 图纸的基础上完成模型建立。其方法为：依次点击【插入】选项卡中【导入 CAD】。导入设置时【定位】一般选择为原点到原点。【导入单位】可选择自动导入或手动选择对应单位。

图 3-35　CAD 底图导入

CAD 图纸导入后还应通过轴线对齐的方式将 CAD 底图中的轴线与 Revit 中的轴线一一对齐。上述操作如图 3-35 所示。

2. 给水排水立管绘制：按照CAD底图的立管尺寸选定好对应的给水管立管。例如，将立管直径设定为 100mm，偏移量为 0mm，点击 CAD 底图中立管的位置。在【偏移量】中设定 3000mm，连续点击【应用】则得到一个直径为 100mm，高 3m 的给水立管。绘制完成后可切换至三维视图下进行检查（图 3-36）。

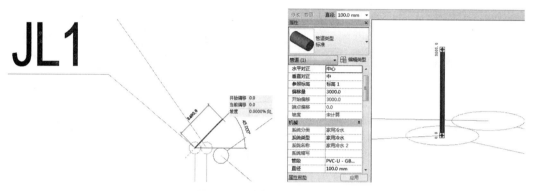

图 3-36　给水排水立管绘制

3. 给水排水横管绘制：将视图切换为平面视图，选择好合适管线后按照 CAD 底图中的管线位置进行绘制。绘制完成后可切换至三维视图下进行检查（图 3-37）。图中，可以发现所绘制的立管与横管处自动生成了 90° 弯头。选中 90° 弯头，在其周边点击"+"或"-"号以实现接口的扩充。如图 3-38，点击"+"号后弯头转换为三通。通过上述操作可以实现对复杂管道连接的快速处理。

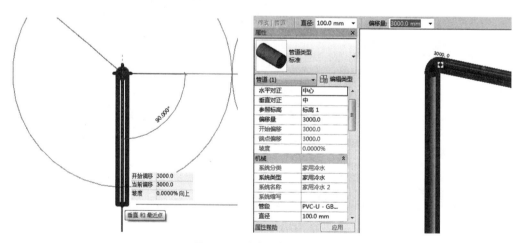

图 3-37　给水排水横管绘制

图 3-38 立管与横管连接

4. 其他给排水立管横管连接方式：在立管另一侧绘制偏移为 1500mm 的水平横管，如图 3-39 所示。若想连接横管与立管则可以通过【修剪】命令实现：点击【修改】下的【修剪 / 延伸单个图元】，并依次点击立管与横管则可以完成两个管段的连接，二者连接处自动生成三通。此外，也可通过【修剪 / 延伸为角】的命令在实现管道连接的同时对其他多余管段的删除。点击【修改】下的【修剪 / 延伸为角】，依次选定横管与立管上部分则二者完成相连并删除立管下部分；反之，依次选定横管与立管下部分则删除立管上部分，如图 3-39 所示。

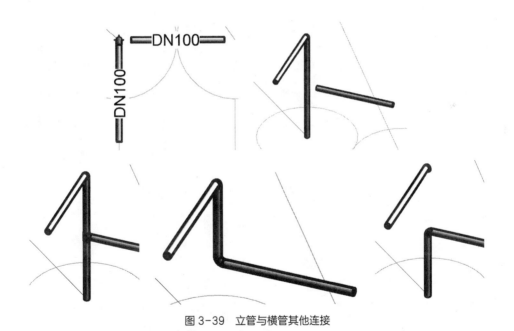

图 3-39 立管与横管其他连接

5. 洁具布置：给水系统中的洁具可以通过载入族的方式进行载入与布置。其操作方法为：点击【系统】选项卡下的【卫浴和管道】中的【卫浴装置】。在【机电】文件下的【卫生器具】中导入所需要的族。导入完成后根据底图或要求的位置进行放置。需要注意的是：所导入的洁具往往包含有对应的管道接口，如下例中的马桶就有上部的进水口（连接给水管道）和右侧的排水口（连接排水管道）供对应管道进行连接。如图 3-40 所示。

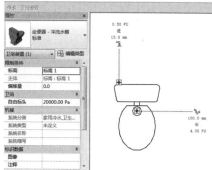

图 3-40　洁具布置

6. 管连洁具：在上节的导入大便器的后方绘制一条 DN20，偏移为 400mm 的给水横管，随后在平面视图下选中大便器并点击其进水口，引出一条管道，将引出的管道与水平横管相连完成管连洁具。连接后由于水平横管与大便器出水口的高度不同，系统会自动生成一个 90° 弯头与三通实现二者连接。同时，大便器周边颜色发生变化。点击属性栏发现其分类已属于【家用冷水】系统。操作过程如图 3-41 所示。

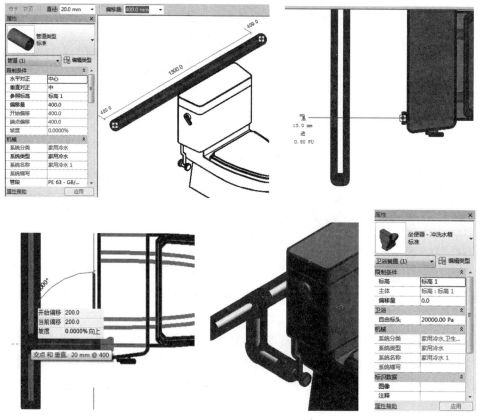

图 3-41　管连洁具

3.3　消防工程的创建

消防工程的创建思路与方法基本与给排水工程的创建过程相同：依次为建立立管与横管、完成立管与横管的连接、布置消防设备并完成连接。

3.3.1　管道绘制

点击【系统选项卡】卜的【管道】绘制 2 条 DN65 偏移量为 3000mm 的消防立管，在属性面板中设定其类型为【其他消防系统】，绘制完成后用一根横管进行连接，结果如图 3-42 所示。

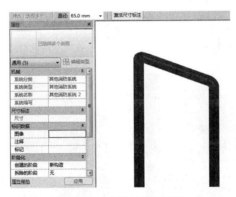

图 3-42　消防管道的绘制

3.3.2　消防工程的创建

1.在上述基础上创建消火栓，点击【系统】选项卡下的【机械设备】中的【室内组合消火栓】进行放置。放置时发现消火栓无法放置。这主要是因为，消火栓应当依附于墙面放置，由于缺少主体导致消火栓无法安放，故需要先建立墙体。

2.墙体建立后再次导入室内组合消火栓族，显示可以放置消火栓，如图 3-43 所示。

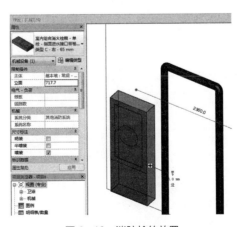

图 3-43　消防栓的放置

3. 与之前的大便器相同，所导入的消火栓也带有一个进水接口。故需要将其与消防管线进行连接。连接方法为：先将视图切换至平面视图，点击消火栓进水口引出一条管线；再将这段管线与带连接立管的中心线相平。最后向下继续绘制管线与立管相连，并删除多余管段。如图 3-44 所示。

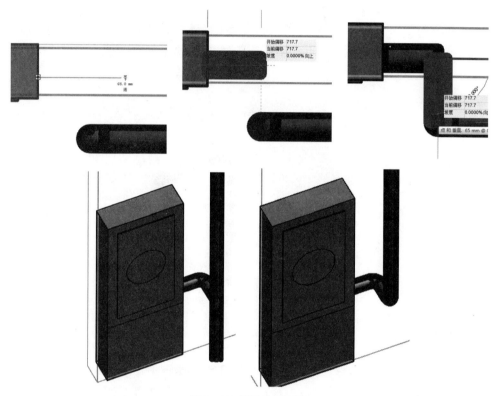

图 3-44　消防栓的连接

第4章　BIM建筑工程计量

4.1　BIM土建工程量概述

4.1.1　案例工程计算说明

1.晨曦BIM土建算量软件特点说明

晨曦BIM土建算量是基于Revit平台一站式BIM土建算量软件，可直接使用已建好的BIM模型，如图4-1所示，通过设置相关计算实现快速出量，并提供符合工程造价要求的数据报表，为工程造价企业和从业者提供了土建专业全过程各阶段所需工程量。晨曦BIM土建算量软件具有以下特点。

手工算式，全国首创：报表模拟手工计算式，方便工程量查看及后期对数要求；

分类统计，提量迅捷：按构件类别查看工程量，清单项目特征值区分工程量报表；

图手兼并，自动融合：自动汇总图形算量与手工算量数据，保证工程数据的完整性与连续性。

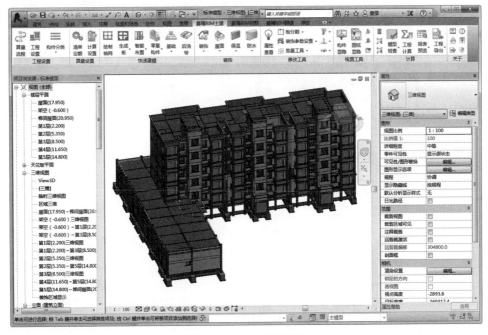

图4-1　BIM土建模型

2. BIM 算量流程说明

在晨曦 BIM 算量平台中，通过模型导入、参数设置、构件分类、套用清单定额、计算设置、工程量计算即可完成 BIM 土建算量过程，如图 4-2 所示。

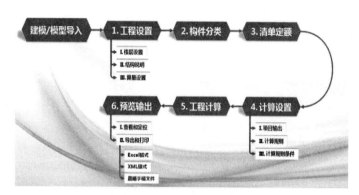

图 4-2　BIM 土建算量流程

4.1.2　BIM 算量工程设置要点说明

【工程设置】主要包括【工程属性】【楼层设置】【结构说明】【算量设置】【钢筋设置】及【分类规则】六大项。

1. 工程属性

工程属性，主要针对项目基本信息编制，如图 4-3 所示。

图 4-3　工程属性

2. 楼层设置

楼层设置是针对楼层层高及标高设置，在利用已有 BIM 模型进行算量时，可以作为模型楼层及标高的二次检查；同时，还可以对项目的室外地坪标高进行设置，这样在后期计算土方工程量提供直接的计算标准。如图 4-4 所示。

图 4-4　楼层设置

3. 结构说明

根据项目要求，对项目不同楼层、不同构件的混凝土强度等级及混凝土类型进行设置，这样便于在数据输出时，根据混凝土强度等级的不同，分类出量，为计算环节提供直接的数据支持。如图 4-5 所示。

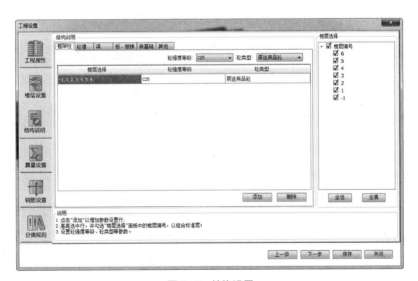

图 4-5　结构设置

4. 算量设置

用户可根据实际计算项目的要求，对计算项目所执行的清单及定额规则、超高设置。目前晨曦 BIM 土建计算软件，嵌套了全国各地区（除港澳台地区）执行的清单规范及定额，满足全国各地区（除港澳台地区）工程造价计量要求，如图 4-6 所示。

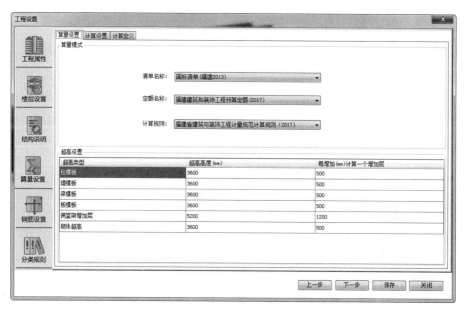

图 4-6 算量设置

土石方工程量计算项目中涉及的计算条件比较多，如土方开挖深度要求，放坡系数要求，工作面设置等，为了满足计算要求，软件针对土石方计算也单独设置了参数设置，为后期的计算，提供了极大的便利，如图 4-7 所示。

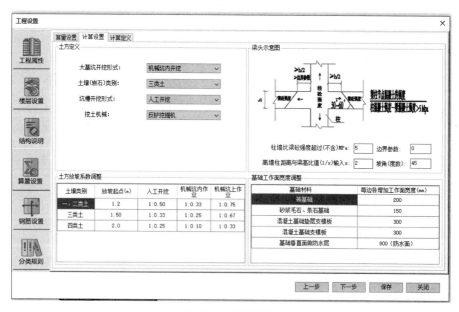

图 4-7 计算设置

5. 钢筋设置

钢筋设置主要是针对项目钢筋布置及计算环节，如图 4-8 所示。

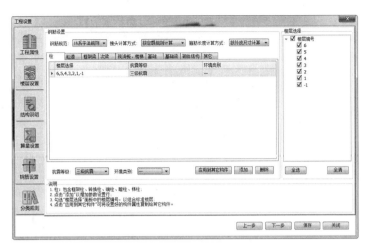

图 4-8　钢筋设置

6. 分类规则

分类规则的一个重要意义在于将 BIM 模型构件分类为算量构件。

如同大家所熟知的，Revit 建模过程中，对于构件类型没有十分严格的划分要求，相反的，在土建算量及钢筋算量过程中，对构件的类型划分有细致的要求，如【柱】，土建算量中【框架柱】【构造柱】的计算规则及分类均有明确的定义，因此在工程算量过程中，必须要确定 BIM 模型中各构件的类型划分是否满足算量要求。根据国家制图规范，将常见的构件类型，通过构件名称进行了默认划分，在实际项目，如有特殊的分类要求，可再进行设置。如图 4-9 所示。

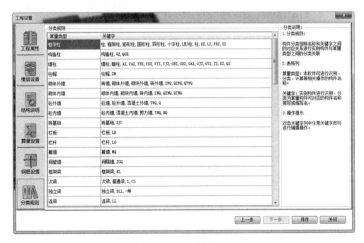

图 4-9　分类规则

4.1.3　BIM 算量清单定额套用

在【晨曦 BIM 土建】中，设置完成项目所执行的清单定额规范，如图 4-10 所示，点击【清单定额】，可进行具体构件清单定额设置，如图 4-11 所示。

图 4-10　晨曦 BIM 土建算量选项卡

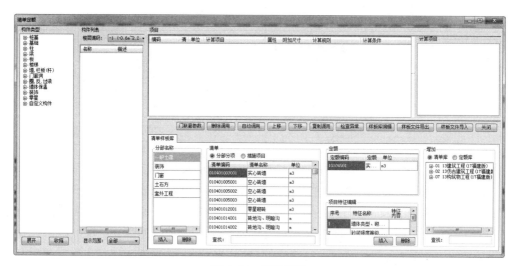

图 4-11　清单定额

在【清单定额】项目设置中，可根据不同构件的算量要求，赋予其相关的计算项目；根据项目常见构件，软件设置了常规项目清单定额模板，且提供了快速套用清单定额的模式，点击【自动调用】，如图 4-12 所示。

图 4-12　自动调用方式

软件提供了三种调用方式，【当前构件】针对当前选中的单个构件，进行清单套用；【当类构件】针对当前楼层同类构件进行清单套用；【工程构件】针对整个项目同类构件进行清单套用。

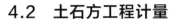

4.2　土石方工程计量

4.2.1　案例工程土方计算说明

由《福建省房屋建筑与装饰预算定额说明》（2017 版）可知，土石方计算中关键的参数主要包括：土壤类别、放坡系数、工作面宽度等。根据第一章土石方相关规定可知，土壤按一、二类土，三类土，四类土分类，其具体分类见表 4-1。

土壤分类表　　　　　　　　　　　　　　　　　　　　　　　表 4-1

土方分类	土壤名称	开挖方法
一、二类土	粉土、砂土（粉砂、细砂、中砂、粗砂、砾砂）、粉质黏土、弱中盐渍土、软土（淤泥质土、泥炭、泥炭质土）、软塑红黏土、冲填土	用锹、少许用镐、条锄开挖。机械能全部直接铲挖满载者
三类土	黏土、碎石土（圆砾、角砾）混合土、可塑红黏土、硬塑红黏土、强盐渍土、素填土、压实填土	主要用镐、条锄、少许用锹开挖。机械需部分刨松方能铲挖满载者或可直接铲挖但不能满载者
四类土	碎石土（卵石、碎石、漂石、块石）、坚硬红黏土、超盐渍土、杂填土	全部用镐、条锄挖掘、少许用撬棍挖掘。机械须普遍刨松方能铲挖满载者

注：本表土的名称及其含义按国家标准《岩土工程勘察规范》GB 50021—2001（2009 年版）定义。

土石方定额计算需考虑工作面，根据组成基础的材料不同或施工方式不同时，基础施工的工作面宽度按表 4-2 计算。

基础施工单面工作面宽度计算表　　　　　　　　　　　　表 4-2

基础材料	每面增加工作面宽度（mm）
砖基础	200
毛石、方整石基础	150
混凝土基础（支模板）	300
混凝土基础垫层（支模板）	300
基础垂直面做砂浆防潮层	400（自防潮层面）
基础垂直面做防水层或防腐层	1000（自防水层或防腐层面）
支挡土板	100（另加）

基础土方放坡，自基础底标高算起。槽、坑做基础垫层时，放坡自垫层上表面开始计算。土方放坡的起点深度和放坡坡度，按设计文件规定计算，设计文件未明确的可按表 4-3 计算。

土方放坡起点深度和放坡坡度表　　　　　　　　　　　　　　表 4-3

土壤类别	起点深度（m）	放坡坡度			
		人工挖土	机械挖土		
			在沟槽、基坑坑内作业	在沟槽侧、坑边上作业	顺沟槽方向坑上作业
一、二类土	1.20	1：0.50	1：0.33	1：0.75	1：0.50
三类土	1.50	1：0.33	1：0.25	1：0.67	1：0.33
四类土	2.00	1：0.25	1：0.10	1：0.33	1：0.25

在【晨曦 BIM 土建】选项卡，定位到案例工程的"架空层"，点击【区域三维】后可查看架构三维形式，如图 4-13 可知基础涉及桩承台及基础梁两种基础类型，因此其土方开挖涉及挖沟槽土方、挖基坑土方。

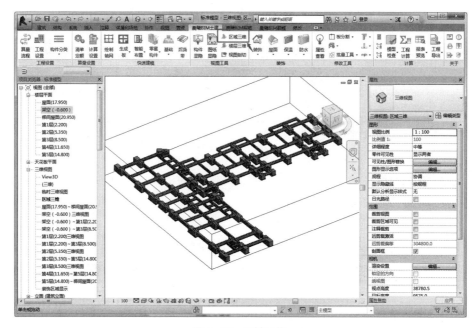

图 4-13　区域三维

根据案例工程的地质勘察报告及设计说明可知，基础以下为砂土，其土壤类别为一类土；案例工程室外地坪标高为 -0.35m，桩承台顶面标高为 -0.6m、-1m，基础材质均为混凝土，因此可知，其土方开挖工作面宽度为 300mm；在【计算设置】中，设置室外地坪标高为 -0.35m。

4.2.2　案例工程土方布置

选择【晨曦 BIM 土建】选项卡，点击【构件分类】，确定案例模型的基础构件（基础承台及基础梁）是否满足算量要求，如图 4-14 所示。

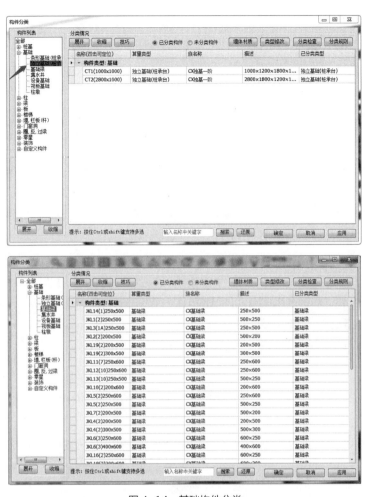

图 4-14 基础构件分类

由此可知，晨曦 BIM 算量软件已将基础构件根据设置默认分类为"独立基础（桩承台）""基础梁"。点击【确定】退出构件分类后，点击【基础】如图 4-15，选择【布置坑槽土方】如图 4-16 所示。

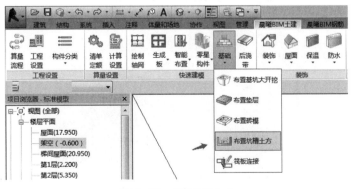

图 4-15 布置坑槽土方

图 4-16　布置土方设置

　　【布置土方】设有【自动布置】及【手选布置】两种方式，【自动布置】可完成全基础构件土方布置，【手选布置】可根据需求，自主选择单个基础构件布置土方。本教材以【手选布置】土方为例，在基础层中选中需要布置土方的承台基础，如图 4-17 所示，点击【完成】即可完成该承台得土方布置，如图 4-18 所示。

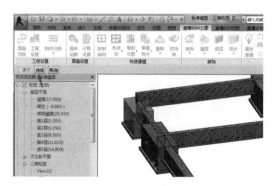

图 4-17　手选布置土方

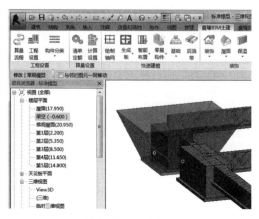

图 4-18　土方布置

完成该承台土方布置后,点击【晨曦 BIM 土建】的【计算】选项卡中【单构件查量】可查看该承台及土方工程量,如图 4-19 所示。

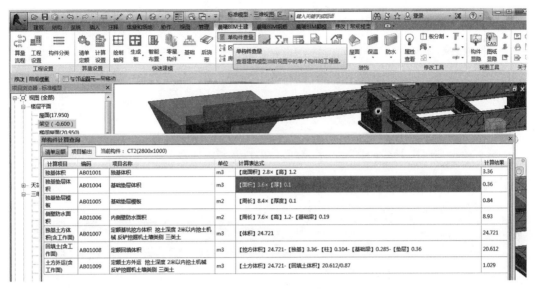

图 4-19　查看土方工程量

4.3　一般土建工程计量

4.3.1　案例工程一般土建计算说明

一般土建工程中,主要涉及柱、有梁板、墙、门窗等分部分项工程,包括了混凝土工程量、模板工程量、砌筑工程、脚手架工程等工程量计算,通过项目分析可知,该案例工程为框架结构,采用预拌混凝土,其中框架柱混凝土强度等级为 C30,有梁板混凝土强度等级为 C25,构造柱、压梁等构件现拌混凝土且其强度等级为 C20;外墙采用的是 190mm × 190mm × 600mm MU7.5 加气混凝土砌块,内墙采用的是采用100mm、200mm 厚加气混凝土砌块。一般土建的详细说明详见图纸中的"建筑设计说明"与"结构设计说明"。

混凝土及模板、砌筑工程、脚手架工程量计算过程中,对计算高度有着严格的定义,根据《福建省房屋建筑与装饰预算定额说明》(2017 版)可知计算高度如表 4-4 所示。

计算高度表　　　　　　　　　　　　　　　　　　　　　表 4-4

序号	计算项目		计算高度
1	框架柱	混凝土	应自柱基上表面至柱顶高度计算(结构层高)
		模板	自基础面或结构层板面至上层有梁板板底或无梁板柱帽底的高度
2	构造柱	混凝土	构造柱按全高计算(计算至梁底部)
		模板	自基础面或结构层板面至上层梁底的高度

续表

序号	计算项目		计算高度
3	有梁板	混凝土	应自柱基上表面（或楼板上表面）至上一层楼板上表面之间的高度计算
		模板	自设计室外地坪或结构层板面至上层板底的高度
4	剪力墙	混凝土	墙与梁连接时墙算至梁底；墙与板连接时板算至墙侧
		模板	自基础面或结构层板面至上层板底的高度；墙顶有梁且梁宽大于墙厚时，支撑高度为自基础面或结构层板面至上层梁底的高度

4.3.2 一般土建工程量计算

1. 构件分类

在【晨曦 BIM 土建】中点击【构件分类】查看软件是否默认将相关构件分类为对应的计算构件，以框架柱为例如图 4-20 所示。

图 4-20 框架柱构件分类

确定全部框架柱构件均分类为"框架柱"后，点击【确定】退出。

2. 清单定额

在【晨曦 BIM 土建】中点击【清单定额】后，可对构件的计算项目进行清单定额套用，如图 4-21 所示。

在【构件类型】中，可根据不同类型构件划分，点击查看。以框架柱为例，在【构件类型】中选择【框架柱】，点击【自动调用】选择【工程构件】后，即可完成对案例工程中所有被分类为【框架柱】的构件完成清单定额套用，也即完成了在 BIM 工程量计算过程中计算规则及计算项目赋值。

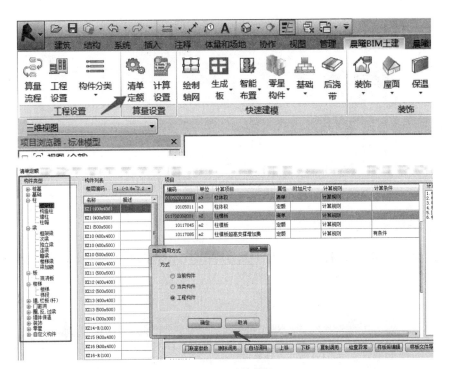

图 4-21 清单定额

查看案例项目可知,【框架柱】的常见计算项目主要包括的"混凝土工程量""模板工程量""超高模板工程量"等计算项目能满足本案例工程计算要求,因此不需要二次调整;若晨曦 BIM 土建算量中,系统默认给定的计算模板不符合算量要求,可根据项目的实际情况予以调整。如图 4-22 所示,晨曦 BIM 土建算量软件根据新建项目过程所执行的清单定额规范,提供了对应的清单库及定额库,可供读者自行选择。

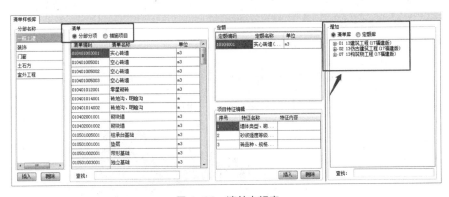

图 4-22 清单定额库

3. 单构件查量

完成项目清单定额套用即计算项目赋值后,在【晨曦 BIM 土建】点击【单构件查量】后,选择所需查看的框架柱即可查看计算结果,如图 4-23 所示。

图 4-23　单构件查量

4.3.3　工程量计算的常规方式

在【晨曦 BIM 土建】中，有多种算量方式：单构件查量、区域算量、房间算量、工程计算，如图 4-24 所示。

图 4-24　算量方式

其中，单构件查量：查看建筑模型当前视图中选中的单个构件的工程量。

区域算量：查看建筑模型当前视图中选中的多个构件的工程量。

房间算量：查看房间装饰的工程量。

工程计算：汇总计算建筑模型中所有构件的工程量。

这里以【区域算量】为例，框选图 4-25 中的多个柱，点击【区域算量】，进行多个构件算量如图 4-25 所示。

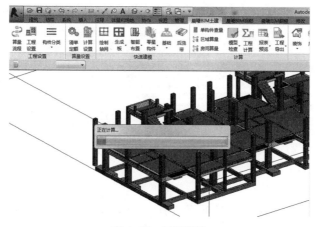

图 4-25　区域算量

算量完成后，自动弹出【算量报告】界面。在界面中，我们可以查看任意一个构件的量，通过双击还可定位至对应图形。

4.3.4　清单定额工程量计算与 Revit 实物量比较

1. 清单定额工程

按照《房屋建筑与装饰工程量计算规范》GB 50854—2013 中表述的混凝土结构工程量计算规则，可以概括为：柱和梁工程量按设计图示尺寸以体积计算，不扣除构件内钢筋，预埋铁件所占体积；墙和板按设计图示尺寸以体积计算，不扣除构件内钢筋、预埋铁件及单个面积 ≤ 0.3m^2 的柱、垛以及孔洞所占体积。目前我国各省、市、自治区工程计价定额中的关于混凝土结构工程量计算规则基本上等同于《建设工程工程量清单计价规范》的规定。按照混凝土结构的受力特征，一般是依据柱、梁、墙、板的顺序依次确定不同结构工程量的计算范围、起止点和尺寸，如"柱连续不断、穿通梁和板""墙算至梁底、板算至板侧"等规则。

在实际的工程造价环节，对不同构件的工程量计算均有相关的规定，因此，不管是在手工计算、传统三维算量软件以及 BIM 工程量计算过程中，都应该要严格按照项目所在地区执行的清单定额规范要求出量。

2. Revit 实物量

一般来说，在推行 BIM 正向设计的背景下，设计单位提供 Revit 模型，设计的信息全部集成在 Revit 模型里面，Revit 软件自带出量功能，但是 Revit 软件提供的只是单纯的几何图形工程量，即大家所熟知的"实物量"。

当依据工程量计算规则建立 Revit 模型时，梁和墙一般只能绘至柱的侧边，计算长度起始点从柱边开始，砌筑墙体高度上止点至梁底。一般来说，Revit 模型中混凝土构件的工程量是按实扣减的，如在墙板上绘制了板洞，则无论面积大小，算量软件均会自动扣减，而计价定额中板和墙工程量计算规则则要求"不扣除墙、板单个面积 ≤ 0.3m^2 以内的孔洞所占体积"，因此依据工程量计算规则建立墙、板模型遇到单个孔洞面积 ≤ 0.3m^2 时不绘制孔洞；如图 4-26 所示的混凝土楼板，两个洞口大小均为 450mm×550mm，洞口面积为 0.2475m^2 < 0.3m^2，为了准确计量，则在创建该板时不绘制洞口，以满足楼板工程量计算不扣除单个孔洞面积 ≤ 0.3m^2 孔洞所占体积的规则要求，但是由于没有绘制空洞，从而不能表达实际的工程情况。

3. 清单定额工程量计算与 Revit 实物量比较

现从本案例工程 Revit 模型截取其中一块局部楼板构件，模型信息含有板厚，楼板中有一洞口，尺寸为 450mm×550mm，如图 4-27 所示，Revit 软件中扣除洞口后楼板体积为 1.375m^3，但是利用算量插件识读洞口并自动计算出洞口面积为 0.245m^2 < 0.3m^2，通过插件工具内设规则不扣除单个面积 ≤ 0.3m^2 的孔洞所占体积，自动遵循规则计算出混凝土板的体积为 1.399m^3，这一结论与福建省预算定额中楼板工程量"按照设计图示尺寸以体积计算，不扣除单个面积 ≤ 0.3m^2 的孔洞所占体积"规则计算的结果一致。

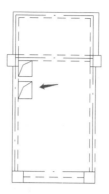

图 4-26　某有梁板结构图（两个洞口大小均 < 0.3m²）

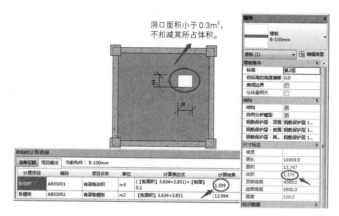

图 4-27　某楼板混凝土模型（插件自动判断洞口面积 < 0.3m²）

同样在图 4-28 中，混凝土楼板中有洞口 1000mm×550mm，利用 Revit 创建洞口模型后，Revit 软件中扣除洞口后板体积为 1.344m³，插件工具提取楼板洞口信息自动判断洞口面积为 0.55m² > 0.3m²，扣减洞口所占面积后得出混凝土楼板体积为 1.344m³，与依据计价定额规则计算出的板体积相同。

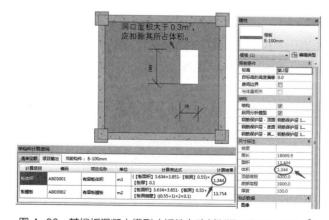

图 4-28　某楼板混凝土模型（插件自动判断洞口面积 > 0.3m²）

4.4　门窗工程计量

4.4.1　案例工程计算说明

通过查看案例工程的"建筑设计说明"第八条说明可知门窗用料：

①外门、外窗材质为铝合金门窗，玻璃选用中空玻璃；

②内门、内窗采用木质门窗。

案例工程外门窗表如表 4-5 所示。

外门窗表　　　　　　　　　　　　　　　　表 4-5

类型	门窗编号	外窗尺寸（mm×mm）
窗	C1813	1800×1300
	C1513	1500×1300
	C0909	900×900
	C0906	900×600
门	MLC1	3600×3000
	MLC2	3700×3000
	MLC3	2700×3000
	MLC4	4400×3000
	MLC5	2800×3000

门窗工程设计的计算项目及计算规则如表 4-6 ～ 表 4-8 所示。

木门（编号：010801）　　　　　　　　　　表 4-6

项目编码	项目名称	项目特征	计量单位	工程量计算规则	工作内容
010801001	木质门	镶嵌玻璃品种、厚度	m²	按设计图示洞口尺寸以平方米计算	1. 门安装 2. 玻璃安装 3. 五金安装
010801002	木质门 （带门套）	1. 门代号及洞口尺寸 2. 材质 3. 镶嵌玻璃品种、厚度	樘	按设计图示以樘计算	
010801004	木质防火门	镶嵌玻璃品种、厚度	m²	按设计图示洞口尺寸以平方米计算	
010801005	木门框	1. 框截面尺寸 2. 防护材料种类	m	按设计图示框的中心线以延长米计算	1. 木门框制作、安装 2. 运输 3. 刷防护材料

注：1. 木质门应区分镶板木门、实木成品装饰门、胶合板门、木纱门分别编码列项。

2. 木门五金应包括：折页、插销、门碰珠、弓背拉手、搭机、木螺丝、弹簧折页（自动门）、管子拉手（自由门、地弹门）、地弹簧（地弹门）、角铁、门轧头（地弹门、自由门）等。

3. 单独制作安装木门框按木门框项目编码列项。

金属门（编号：010802）　　　　　　　　　　　　表 4-7

项目编码	项目名称	项目特征	计量单位	工程量计算规则	工作内容
010802001	金属（塑钢）门	1. 门框、扇材质； 2. 玻璃品种、厚度	m²	按设计图示洞口尺寸以平方米计算	1. 门安装 2. 五金安装 3. 玻璃安装
010802002	彩板门				
010802003	钢质防火门	门框、扇材质	m²		1. 门安装 2. 五金安装
010802004	防盗门				

注：1. 金属门应区分金属平开门、金属推拉门、金属地弹门、彩钢板门、防火门、防盗门等项目，分别编码列项。

2. 铝合金门五金包括：执手、合页、门锁、锁芯、面板、插销、滑轮、锁钩、锁扣等。

3. 金属门五金包括 L 形执手插锁（双舌）、执手锁（单舌）、门轨头、地锁、防盗门机、门眼（猫眼）、门碰珠、电子锁（磁卡锁）、闭门器、装饰拉手等。

4. 以平方米计量的，无设计图示洞口尺寸的，按门框、扇外围以面积计算。

金属窗（编号：010807）　　　　　　　　　　　　表 4-8

项目编码	项目名称	项目特征	计量单位	工程量计算规则	工作内容
010807001	金属（塑钢、断桥）窗	1. 框、扇材质； 2. 玻璃品种、厚度	m²	按设计图示洞口尺寸以平方米计算，飘窗、阳台封闭窗按设计图示框型材外边线及展开面积计算	1. 窗安装； 2. 五金、玻璃安装
010807002	金属防火窗				
010807003	金属百叶窗	1. 框、扇材质； 2. 玻璃品种、厚度	m²	按设计图示洞口尺寸以平方米计算	1. 窗安装； 2. 五金安装
010807004	金属纱窗	1. 框材质； 2. 窗纱材料品种、规格		按框外围尺寸以平方米计算	
010807005	金属格栅窗	1. 框外围尺寸； 2. 框、扇材质		按设计图示洞口尺寸以平方米计算	

注：1. 金属窗应区分铝合金窗、隔热断桥、塑钢窗、钢制防火窗、防盗窗、金属纱窗等项目，分别编码列项。

2. 以平方米计量的，无设计图示洞口尺寸，按窗框外围以面积计算。

3. 金属窗五金包括：执手、滑撑、传动杆、锁块、滑轮、月牙锁、锁钩等。

4.4.2　门窗工程计算

1. 构件分类

与一般土建计算的操作步骤一样，在【晨曦 BIM 土建】中点击【构件分类】确定，案例项目中全部的门、窗构件均已分类为所对应的算量类型，如图 4-29 所示。

2. 清单定额

确定分类正确后，点击【确定】退出；点击【清单定额】，如图 4-30 所示。

自动调用清单定额后可知系统已提供了【铝合金窗（铝合金推拉窗安装）】项，但是，根据清单计价规范，"铝合金窗"还包括了"铝合金窗（铝合金平开窗制作）"，因此还需手动添加相关清单定额子目。

图 4-29　门窗构件分类

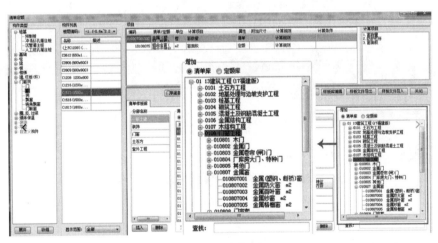

图 4-30　清单定额

在【增加】"清单库"中，选择【13 建筑工程（17 福建版）】—【门窗工程】双击选择【金属（塑钢、断桥）窗】清单；同理在【增加】"定额库"中，【门窗工程】双击选择【铝合金窗（铝合金平开窗制作）】定额；如图 4-31 所示。

编码	清单/定额名称	单位	计算项目	属性	附加尺寸	计算规则
010807001002	金属（塑钢、断桥）窗	樘	窗数量	清单		计算规则
10108075	铝合金窗(铝合金推拉窗安装)	m2	窗面积	定额		计算规则
010807001005	金属（塑钢、断桥）窗	m2		清单		计算规则
10108071	铝合金窗(铝合金推拉窗制作)	m2	窗数量 防护栏杆 窗面积	定额		计算规则

图 4-31　选填清单定额子目

完成铝合金窗清单定额套用后，点击【计算项目】选择匹配的计算项目，操作如图 4-31 所示，结果如图 4-32 所示。

编码	清单/定额名称	单位	计算项目	属性	附加尺寸	计算规则
010807001002	金属（塑钢、断桥）窗	樘	窗数量	清单		计算规则
10108075	铝合金窗（铝合金推拉窗安装）	m2	窗面积	定额		计算规则
010807001005	金属（塑钢、断桥）窗	m2	窗面积	清单		计算规则
10108071	铝合金窗（铝合金推拉窗制作）	m2	窗面积	定额		计算规则

图 4-32　清单定额子目

3. 工程量查看

在【晨曦 BIM 土建】中选择【单构件查量】即可查看相关计算结果，如图 4-33 所示。

图 4-33　单构件查量

4.5　装饰工程计量

案例工程装饰计算说明

装饰工程主要包括：楼地面、踢脚线、内墙面、外墙面、天棚❶ 抹灰、防水及保温等项目。由《福建省房屋建筑与装饰预算定额说明》（2017 版）可知上述所涉及的装饰项目工程量按面积计算。

根据案例工程"建筑设计总说明"的室内装修表如表 4-9 所示。

---

❶　"天棚"应为"顶棚"，因定额中还用"天棚"，本书部分延用。

室内装修表 表4-9

部位	地面	楼面	踢脚板	内墙面	顶棚
卫生间	水泥砂浆地面（防水层）详 GB11J930 地 5/G3	水泥砂浆地面（防水层）详 GB11J930 楼 5/G3	—	面砖内墙面（防水层）详 GB11J930 内墙 39/H13	粉刷石膏顶棚 详 GB11J930 39/H13，顶 4/ H23
阳台	水泥砂浆地面 详 GD11J030 地 5/G3	水泥砂浆楼面 详 GB11J930 楼 5/G3	—	白色乳胶漆墙面 详 GB11J930 内墙 19、20/ H7	粉刷石膏顶棚 详 GB11J930 39/H13，顶 3/ H23
楼梯间	地面砖地面 详 GB11J930 地 14/G6	地面砖楼面 详 GB11J930 楼 14/G6	面砖踢脚（H=200）详 GB11J930 4/H27	白色乳胶漆墙面 详 GB11J930 内墙 19、20/ H7	粉刷石膏顶棚 详 GB11J930 39/H13，顶 3/ H23
门厅	大理石地面 详 GB11J930 地 26/ G10	大理石楼面 详 GB11J930 楼 26/G10	面砖踢脚（H=200）详 GB11J930 4/H27	白色乳胶漆墙面 详 GB11J930 内墙 19、20/ H7	粉刷石膏顶棚 详 GB11J930 39/H13，顶 3/ H23
其他房间	水泥砂浆地面 详 GB11J930 地 2/G2	水泥砂浆楼面 详 GB11J930 楼 2/G2	水泥砂浆踢脚（H=200）详 GB11J930 4/H27	15 厚 1:2 水泥砂浆打底面层待二次装修	粉刷石膏顶棚 详 GB11J930 39/H13，顶 3/ H23

【晨曦 BIM 土建】提供了建筑装饰快捷布置方式，接下来本章通过【布置房间】为此项目布置装饰，展示装饰布置的创建方法。需要注意的是，装饰必须放置于相关构件的图元上，删除相关构件，装饰也会随之被删除。

在布置房间装饰前，首先创建每个楼层的各个房间。

1. 定义房间

（1）在项目浏览器中切换视图为【第一层（2.200）】。

（2）点击【建筑】选项卡【房间和面积】面板【房间】，系统切换到【修改 | 放置 房间】选项卡，如图 4-34 所示。

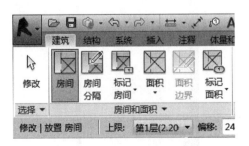

图 4-34　放置房间设置

在图形上选择由墙体围成的闭合空间进行放置【房间】标记，然后根据图纸要求，修改房间名称。如图 4-35 所示，以【单身公寓】为例，点击模型上【房间】标记，在输入框中修改为【单身公寓】。

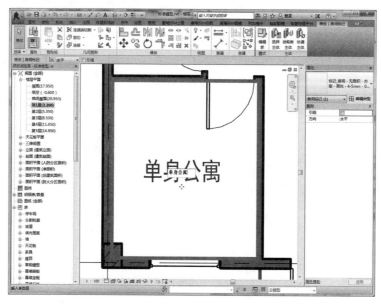

图 4-35　创建房间

2. 房间装饰布置

点击【晨曦 BIM 算量】，选择【装饰】，点击【布置房间】，如图 4-36 所示。打开【房间装饰布置】界面，如图 4-37 所示，此功能包括天棚、楼地面、踢脚线、内墙面、墙裙等构件的调用和布置。接着我们进入具体装饰布置操作。

图 4-36　房间装饰

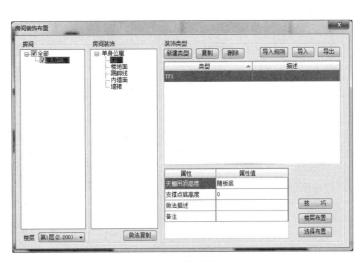

图 4-37　房间装饰布置

选中房间下的相应构件节点名称，在装饰类型界面点击新建类型，生成相应的构件名称，再双击构件名称，名称显示在相应的节点名称下方，即表示调用成功。

（1）添加天棚

在【房间装饰布置】界面点击【天棚】节点，在【装饰类型】中点击【新建类型】，生成【TP1】构件，如图 4-38 所示，将【TP1】按图纸做法要求修改为【粉刷石膏顶棚】，并在【做法描述】中填写具体的装饰布置方式及材料，鼠标双击【粉刷石膏顶棚】，左边【房间装饰】的【天棚】下显示【粉刷石膏顶棚】构件名称，表示该房间调用了此构件的做法。

图 4-38　天棚布置设置

（2）添加楼地面

在【房间装饰布置】界面点击【楼地面】节点，在【装饰类型】中点击【新建类型】，生成【LDM1】构件，如图 4-39 所示，将【LDM1】按图纸做法要求修改为【水泥砂浆楼面】，并在【做法描述】中填写具体的装饰布置方式及材料，鼠标双击【水泥砂浆楼面】，左边【房间装饰】的【楼地面】下显示【水泥砂浆楼面】构件名称，表示该房间调用了此构件的做法。

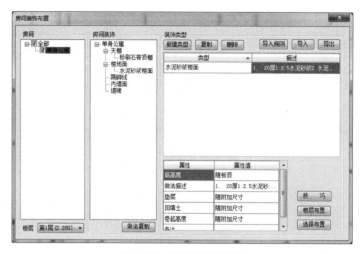

图 4-39　楼地面布置设置

（3）添加踢脚线

在【房间装饰布置】界面点击【踢脚线】节点，在【装饰类型】中点击【新建类型】，生成【TJX1】构件，如图 4-40 所示，将【TJX1】按图纸做法要求修改为【水泥砂浆踢脚】，并在【做法描述】中填写具体的装饰布置方式及材料，在列表的下方输入踢脚高度，鼠标双击【水泥砂浆踢脚】，左边【房间装饰】的【踢脚线】下显示【水泥砂浆踢脚】构件名称，表示该房间调用了此构件的做法。

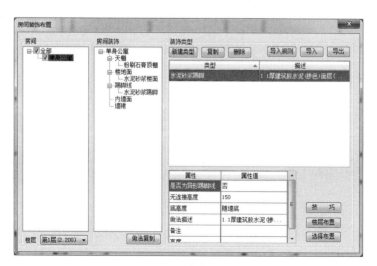

图 4-40　踢脚线布置设置

（4）添加内墙面

在【房间装饰布置】界面点击【内墙面】节点，在【装饰类型】中点击【新建类型】，生成【NQM1】构件，如图 4-41 所示，在【依附材质】一列下拉选择已有的材质类型，将【NQM1】按图纸做法要求修改为【水泥砂浆打底】，并在【做法描述】中填写具体的装饰布置方式及材料，鼠标双击【水泥砂浆打底】，左边【房间装饰】的【内墙面】下显示【水泥砂浆打底】构件名称，表示该房间调用了此构件的做法。

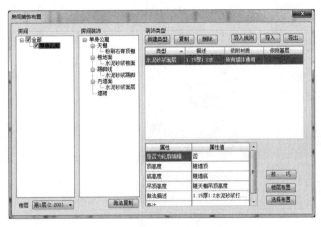

图 4-41　内墙面布置设置

3.楼层布置

（1）楼层布置

楼层布置如图 4-42 所示，选择相应的楼层由软件自动查找每个楼层相应的房间名称，并自动将房间内的各个装饰布置在图形中。

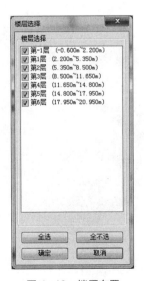

图 4-42　楼层布置

（2）选择布置

在图形上框选整个图形，点击【完成】按钮，即可完成房间内各个装饰的布置，如图 4-43 所示，可进行查看布置效果。

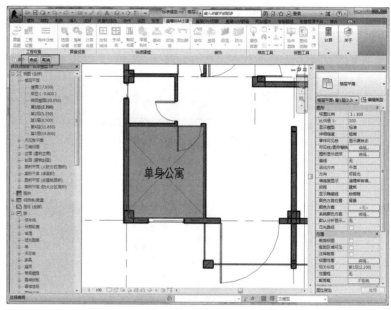

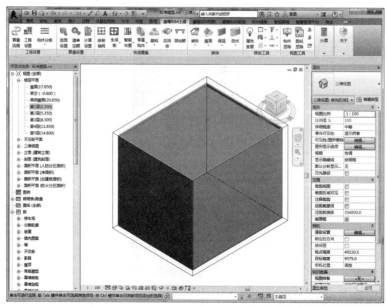

图 4-43　房间布置效果

4.查看装饰工程量

在装饰布置完成之后，晨曦提供多种查看工程量的方式。

（1）可选中单个需要查看装饰工程量的构件，在【晨曦 BIM 土建】选项卡中选择【单构件查量】功能，即可查看装饰构件的工程量，如图 4-44 所示。

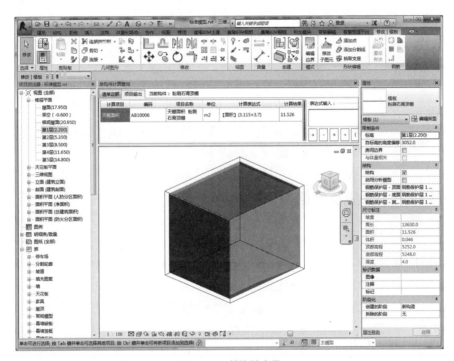

图 4-44　单构件查量

（2）可选择一定范围的模型，在【晨曦 BIM 土建】选项卡中选择【区域算量】功能，即可查看相应范围构件的工程量，如图 4-45 所示。

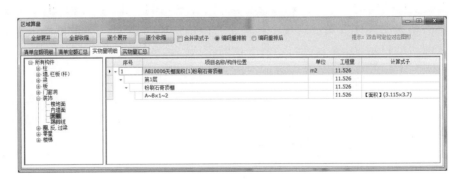

图 4-45　区域算量

（3）可选择需要计算的房间，在【晨曦 BIM 土建】选项卡中选择【房间算量】功能，即可查看房间中装饰构件的工程量，如图 4-46 所示。

图 4-46 房间算量

（4）在【晨曦 BIM 土建】选项卡中点击【工程计算】功能，选择需要计算的构件，计算完成后，点击【报表预览】，即可查看装饰构件的工程量。

4.6 其他工程计量及数据报表输出

4.6.1 构造柱工程计量

1. 构造柱计算说明

由《福建省房屋建筑与装饰预算定额说明》（2017 版）可知，现浇混凝土定额，除圈过梁、构造柱等定额按非泵送混凝土编制，其他按泵送混凝土编制，定额已综合考虑了因施工条件限制不能直接入模的因素。

构造柱的工程量计算规则是：按设计图示尺寸以体积计算；其中柱高按全高计算，嵌接墙体部分（马牙槎）并入柱身体积。

构造柱模板的工程量计算规则是：按混凝土与模板接触面以面积计算；其中构造柱的柱高应自柱底至柱顶（梁底）的高度计算。先砌墙的构造柱模板的工程量按图示外露部分计算。

在案例工程的结构图中，结构设计总说明（结施 -01）的 4.1.2 和 4.4.2 中分别提到构造柱、统过梁、压顶梁、过梁、栏板等，除结构施工图中特别注明者外混凝土强度等级不得小于 C20；在墙长超过层高 2 倍时，应设置钢筋混凝土构造柱；其每层板配筋平面图中存在构造柱的定位；在案例工程的建施中，建筑设计总说明（建施 -Z02a）的第三部分的第五点中提到窗台板下每隔 2000mm 设一构造柱 200m×200m，配 4A12 钢筋，A6@200 箍筋（A 表示 HPB300 级钢筋）；在架空层平面图（建施 -01b）中提到在所有长度超过 5m 直墙均在其中间处设置构造柱且在其墙高度的 1/2 处设置压梁。

2. 构件显隐

在【晨曦 BIM 土建】选项卡中，三维视图下，点击【构件显隐】，选择相关构件，如图 4-47 所示，可查看标准模型中所有的构造柱。

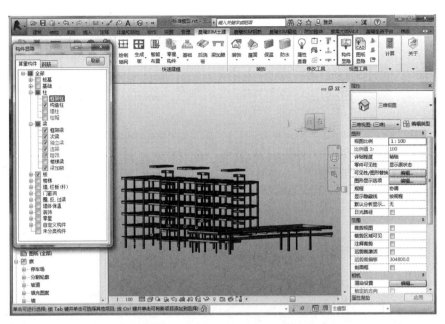

图 4-47　标准模型的构造柱

3. 构件分类

点击【晨曦 BIM 土建】选项卡，点击【构件分类】，在构件列表中选择【柱】，选择【构造柱】，界面如图 4-48 所示，在已分类类型界面，已成功分类的构件会显示类型。如显示空白则没有分类成功，需要手动设置。依次点击【应用】与【确定】，即可完成构件分类。

图 4-48　构造柱的构件分类

4. 清单定额

点击【晨曦 BIM 土建】选项卡，点击【清单定额】，选择【构造柱】，依次点击【自动调用】【当类构件】以及【确定】，界面如图 4-49 所示，调用成功后点击【关闭】即可。

图 4-49　构造柱清单定额套用

5. 构件出量

点击【晨曦 BIM 土建】选项卡下的【单构件查量】，如图 4-50 所示，选择架空层的 GZ2 进行查量。

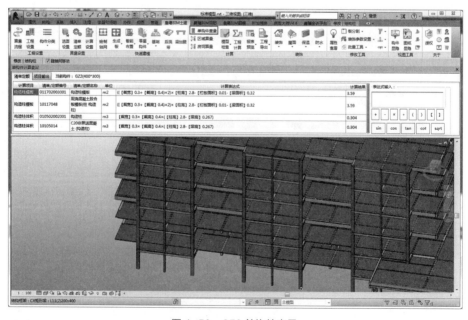

图 4-50　GZ2 单构件查量

4.6.2　圈过梁工程计量

1. 圈过梁计算说明

圈过梁的工程量计算规则是按设计图示尺寸以体积计算。不扣除构件内钢筋、预埋铁件所占体积，伸入墙内的梁头、梁垫并入梁体积内。

圈过梁模板的工程量计算规则是按混凝土与模板接触面以面积计算；其中圈梁外墙按中心线、内墙按净长线计算。

在案例工程的建施图（建施 -10a）的门窗表注释中提到门窗未顶梁底做的均应设门窗过梁；结合案例工程结施图（结施 -15a）的墙身节点大样图一、二及入口处墙身节点大样图，我们在基础上方应布置地圈梁；在结构设计总说明的 4.1.2 中提到构造柱、统过梁、压顶梁、过梁、栏板等，除结构施工图中特别注明者外混凝土强度等级不得小于 C20。

2. 构件显隐

在【晨曦 BIM 土建】选项卡中，三维视图下，点击【构件显隐】，选择相关构件，如图 4-51 所示，可查看标准模型中所有的圈过梁。

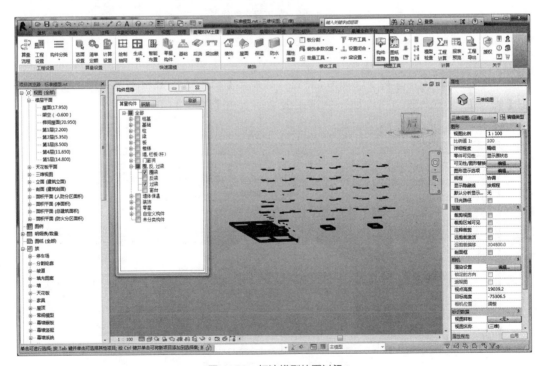

图 4-51　标注模型的圈过梁

3. 构件分类

点击【晨曦 BIM 土建】选项卡下的【构件分类】，在构件列表中选择【圈，反，过梁】，界面如图 4-52 所示，在已分类类型界面，已成功分类的构件会显示类型。如显示空白则没有分类成功,需要手动设置。依次点击【应用】与【确定】,构件即分类成功。

图 4-52　圈过梁构件分类

4. 清单定额

点击【晨曦 BIM 土建】选项卡,然后依次点击【清单定额】【自动调用】【当类构件】和【确定】,界面如图 4-53 所示,调用成功后点击【关闭】即可。

图 4-53　圈过梁清单定额套用

5. 构件出量

点击【晨曦 BIM 土建】选项卡下的【单构件查量】,选择一层 TLM1825 上的 GL进行查量,如图 4-54 所示。

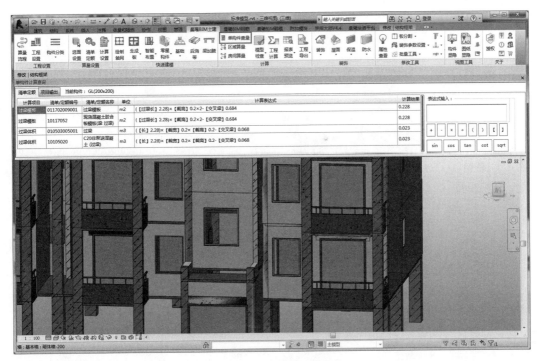

图 4-54　过梁单构件查量

4.6.3　空调板工程计量

1. 空调板计算说明

空调板的工程量计算规则是套用平板定额。平板按设计图示尺寸以体积计算，不扣除构件内钢筋、预埋铁件及单个面积 0.3m² 以内的柱、垛及孔洞所占体积。

空调板模板的工程量计算规则是：按混凝土与模板接触面以面积计算；其中平板支撑高度自设计室外地坪或结构层板面至上层板底的高度，计算模板超高支撑增加费时应包括肋梁或柱帽的模板面积。

根据案例工程的建施图中的各层平面图来绘制空调板构件。

2. 构件显隐

在【晨曦 BIM 土建】选项卡中，三维视图下，点击【构件显隐】，选择相关构件，如图 4-55 所示，可查看标准模型中所有的空调板。

3. 构件分类

点击【晨曦 BIM 土建】选项卡，然后点击【构件分类】，在构件列表中选择【零星】，再选择【空调板】，界面如图 4-56 所示，在已分类类型界面，已成功分类的构件会显示类型。如显示空白则没有分类成功，需要手动设置。依次点击【应用】与【确定】，构件即分类成功。

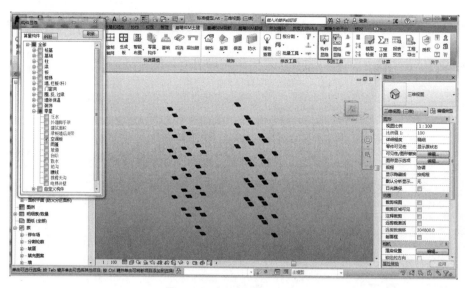

图 4-55　标准模型的空调板

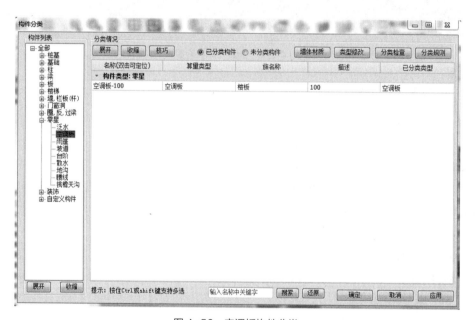

图 4-56　空调板构件分类

4.清单定额

点击【晨曦 BIM 土建】选项卡,然后依次点击【清单定额】【自动调用】【当类构件】和【确定】,界面如图 4-57 所示,调用成功后点击【关闭】即可。

5.构件出量

点击【晨曦 BIM 土建】选项卡,再点击【单构件查量】,选择一层 1~2 轴交 C 轴处的空调板 -100 进行查量,如图 4-58 所示。

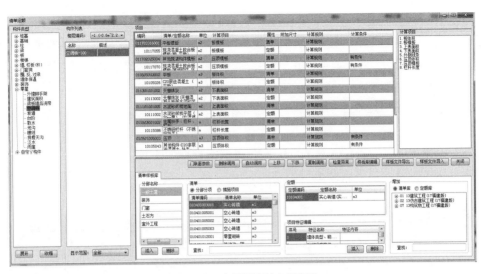

图 4-57 空调板清单定额套用

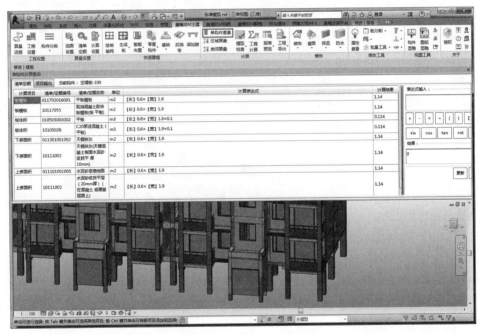

图 4-58 空调板单构件查量

4.6.4 雨篷工程计量

1.雨篷计算说明

雨篷的工程量计算规则是：按设计图示尺寸以墙外部分体积计算。包括伸出墙外的牛腿和雨篷反挑檐的体积。雨篷梁、板工程量合并，按雨篷以体积计算，高度 ≤ 400mm 的栏板并入雨篷体积内计算，栏板高度 > 400mm 时，其超过部分，按栏板计算。

雨篷模板的工程量计算规则是：按图示外挑部分的水平投影面积计算，板边模板不另增加，雨篷反口模板按反口的净高计算；其中雨篷与圈梁或梁的划分以梁外侧为界。挑出墙面的板每级宽度 ≤ 200mm 者按线条计算。有梁式的雨篷按有梁板定额计算。宽度 > 200mm 者按雨篷计算。

根据案例工程的建施图中的各层平面图来绘制雨篷构件。

2. 构件显隐

在【晨曦 BIM 土建】选项卡，在三维视图下，点击【构件显隐】，选择相关构件，如图 4-59 所示，后可查看标准模型中所有的雨篷。

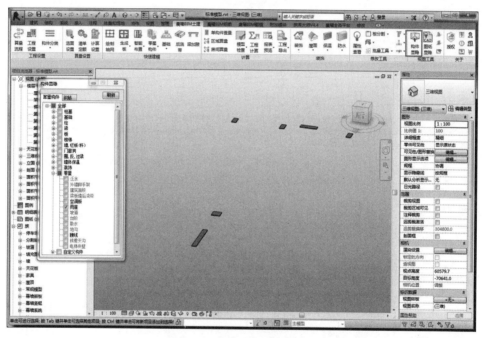

图 4-59　标准模型的雨篷

3. 构件分类

点击【晨曦 BIM 土建】选项卡，然后点击【构件分类】，在构件列表中选择【零星】，再选择【雨篷】，界面如图 4-60 所示，在已分类类型界面，已成功分类的构件会显示类型。如显示空白则没有分类成功，需要手动设置。依次点击【应用】与【确定】，构件即分类成功。

4. 清单定额

点击【晨曦 BIM 土建】选项卡，然后依次点击【清单定额】【自动调用】【当类构件】和【确定】，界面如图 4-61 所示，调用成功后点击【关闭】即可。

5. 构件出量

点击【晨曦 BIM 土建】选项卡，再点击【单构件查量】，选择一层的雨篷 -110 构件进行查量，如图 4-62 所示。

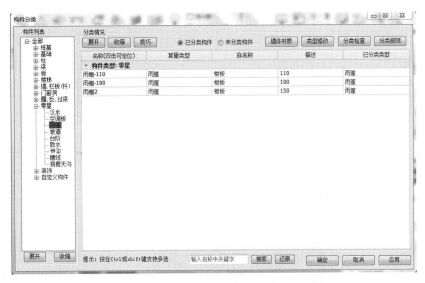

图 4-60　雨篷的构件分类

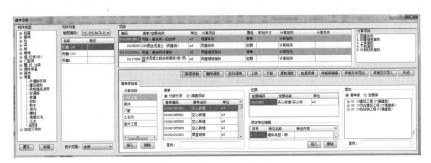

图 4-61　雨篷清单定额的套用

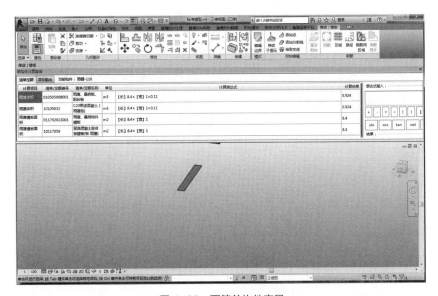

图 4-62　雨篷单构件查量

4.6.5 数据报表输出

1. 工程计算

点击【晨曦 BIM 土建】选项卡，点击【工程计算】，将案例模型进行计算出量，如图 4-63 所示。

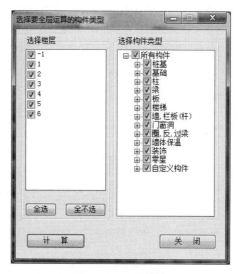

图 4-63 工程计算

2. 报表预览

点击【晨曦 BIM 土建】选项卡，点击【报表预览】，其中报表包含了实物量明细表、实物量汇总表、按构件显示、分部分项清单计算式、措施清单计价、工程量清单、装饰汇总表、门窗汇总表，如图 4-64 所示。可以根据需要导出 Excel 或计价单份报表数据。

图 4-64 报表预览

3. 工程导出

软件可导出多种形式报表，如图 4-65 所示，其中计价格式数据与晨曦 BIM 计价软件可无缝对接，直接导入进行套价；也可导出手稿格式，可继续进行编辑修改；也可直接导出算量明细，可用于工程量对比等操作。

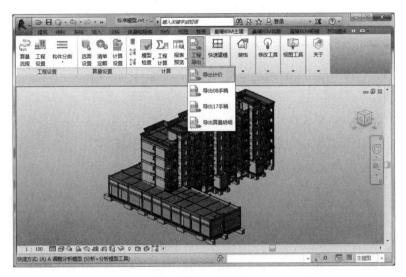

图 4-65　工程导出

第5章 BIM钢筋工程计量

5.1 钢筋工程参数设置

5.1.1 钢筋工程计量流程

在对钢筋进行参数设置之前，需先了解一下钢筋工程计量的流程，以便能更好地熟悉软件、操作软件。

打开晨曦BIM算量软件，选择已建好的土建标准模型文件，鼠标点击【晨曦BIM钢筋】选项卡—【工程设置】面板—【算量流程】命令，弹出【钢筋出量流程图】，通过流程图可知：钢筋出量分为建模/模型导入、工程设置、构件分类、钢筋设置、钢筋信息、钢筋布置、报表输出及导出Excel八个步骤，如图5-1所示。

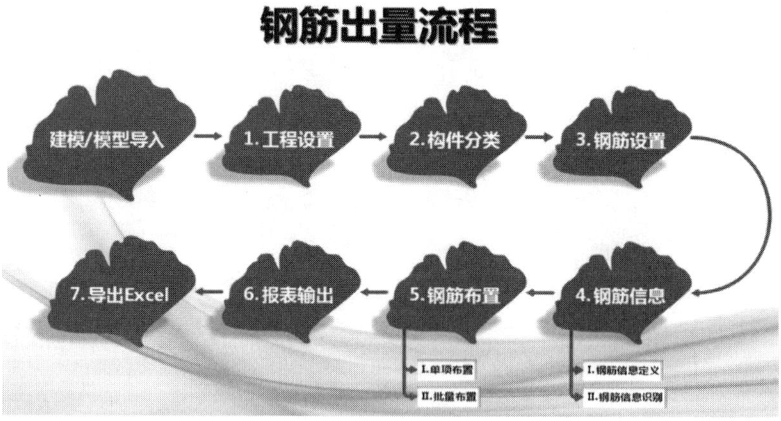

图5-1 钢筋出量流程

5.1.2 钢筋设置

打开已创建好的土建标准模型，可快速进行构件钢筋的布置，在布置构件钢筋之前，需先按照项目图纸中的要求依次设置好构件钢筋的计算参数信息，这样才能保证钢筋计算结果的准确性。

如图5-2所示，鼠标点击【晨曦BIM钢筋】选项卡—【工程设置】面板，此功能面板包含两种钢筋设置，一是【工程设置】命令内的【钢筋设置】，如图5-3所示；二是【工程设置】功能面板上的【钢筋设置】命令，如图5-2所示。

图 5-2　工程设置

图 5-3　钢筋设置界面

1. 工程设置—钢筋设置

【工程设置】功能内的【钢筋设置】界面分为三个内容，钢筋设置、楼层选择及说明。

钢筋设置是对工程项目钢筋的使用规范、接头及箍筋弯钩长度的计算方式、坑震等级、环境类别、使用年限等的一个初步定义，详细设置要求如图 5-4 所示。

主要参数说明如下：

①钢筋规范：按图纸要求选择；

②接头计算方式：接头计算方式有两种，按定额规则计算和按清单规则计算；

③箍筋长度计算方式：箍筋长度计算方式有三种，按外皮尺寸计算、按中轴线计算和按内皮尺寸计算，预算一般选择外皮尺寸计算；

④抗震等级：根据建筑物所在城市的大小，建筑物的类别、高度以及当地的抗震设防小区规划进行确定，一般工程图纸会有明确的规定，按图纸要求选择填写；

⑤⑦环境类别：按照工程所在地区环境，将其划分为一类，二 a 类、二 b 类、三 a 类、三 b 类、四类、五类，按图纸要求下拉选择输入；

⑥楼层选择：根据图纸信息对柱、砼墙以及梁板等构件设置相应楼层的抗震等级及环境类别信息，相应楼层的选择可通过右方的楼层选择面板来勾选。

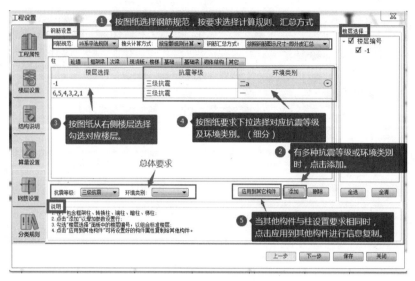

图 5-4　钢筋详细设置

2. 钢筋设置

在设置中选择钢筋设置，钢筋系统参数设列内容如图 5-5 所示。

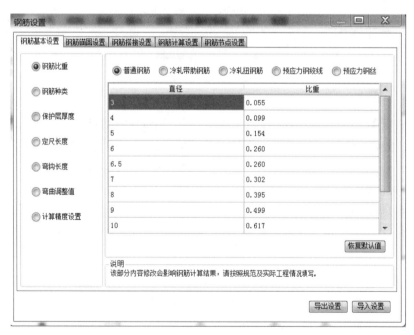

图 5-5　钢筋设置

（1）钢筋基本设置

钢筋基本设置如图 5-6 所示，包括钢筋比重、钢筋种类、保护层厚度、定尺长度、弯钩长度、弯曲调准值和计算精度设置。

图 5-6　钢筋比重

1）钢筋比重

钢筋比重是计算钢筋重量的基础计算数据，用户可按照计算要求自行修改钢筋比重值，选定需要修改钢筋的比重，单击钢筋相应比重值进行修改，如图 5-6 所示。

（注：图纸上直径为 6mm 的钢筋本质是 6.5mm，注意直径为 6 的钢筋比重是否修改）

2）钢筋种类

钢筋种类设置，用于设置钢筋等级的输入格式，例如：图纸上钢筋符号 A 表示 HPB300 级钢筋，用字母 A 代替，当输入配筋信息 A8 时，表示直径为 8mm 的 HPB300 级钢筋。钢筋种类设置一般不进行更改，如图 5-7 所示。

图 5-7　钢筋种类

125

3）保护层厚度

保护层厚度指最外层钢筋外边缘至混凝土表面的距离，受环境类别、混凝土强度等级等因素影响，钢筋保护层厚度间接影响钢筋工程量的计算。表格数据来源于钢筋平法图集 16G101-1，可根据实际需要单击进行修改，如图 5-8 所示。

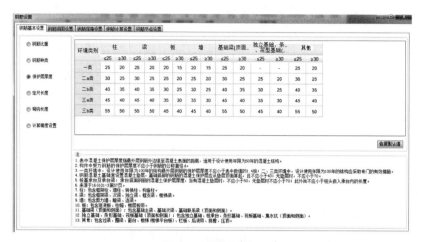

图 5-8　钢筋保护层

4）定尺长度

钢筋的定尺长度由产品标准规定的钢坯和成品钢材的出厂长度决定，会影响钢筋接头个数，从而影响钢筋工程量。定尺长度根据工程结构设计说明和工程实际情况进行设置，如图 5-9 所示。

修改方法：

①在表左下方【定尺长度】后的输入框中手动输入或下拉选择修改，然后点击【确定】，即可全部修改；

②单击表中需要修改长度的数值，直接输入数据进行修改。

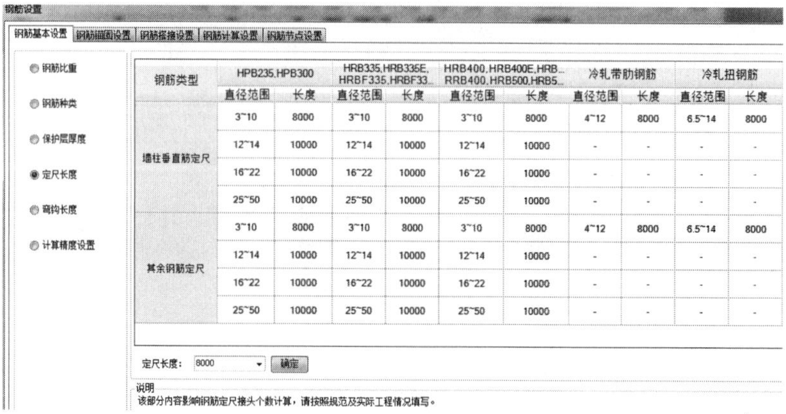

图 5-9　钢筋定尺长度

5）弯钩长度

弯钩长度设置，根据箍筋弯钩角度、是否抗震等列出了箍筋弯钩的长度取值。根据标准图集设置的工程可根据实际需要单击数值进行修改，如图 5-10 所示。

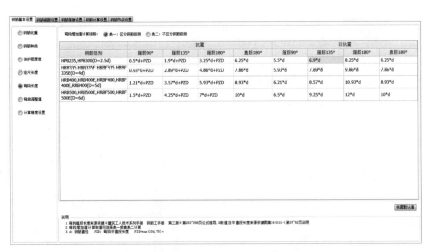

图 5-10　钢筋弯钩长度 ❶

6）弯曲调准值

弯曲调准值来源于规范和图集，具体取值可根据实际情况调整，如图 5-11 所示。

图 5-11　钢筋弯曲调准值

---

❶　图中所涉物理量符号应为斜体，但因软件中自带为正体，所以书中保留软件所带格式。其余图同。

7）计算精度设置

计算精度设置，主要是用来设置各种钢筋根数取值方式，通过下拉列表进行修改，或者在左下角"统一设置"下拉选择，如图 5-12 所示。

图 5-12　钢筋计算精度设置

（2）钢筋锚固设置

钢筋锚固设置包含锚固长度和搭接长度，表格内容来源于钢筋平法图集，如图 5-13 所示，一般工程无须修改，若图纸有特殊说明，点击相应位置修改数据即可。

钢筋种类	混凝土强度等级								
	C20	C25	C30	C35	C40	C45	C50	C55	≥C60
HPB300	39	34	30	28	25	24	23	22	21
HRB335、HRBF335	38	33	29	27	25	23	22	21	21
HRB400、HRBF400、RRB400	-	40	35	32	29	28	27	26	25
HRB500、HRBF500	-	48	43	39	36	34	32	31	30

图 5-13　钢筋锚固设置

（3）钢筋搭接设置

钢筋搭接数据来源于钢筋平法图集，如图 5-14 所示，表中相应钢筋连接方式根据结构施工图说明和有关要求下拉进行选择修改。

构件	HPB235,HPB300		HRB335,HRB335E,HRBF335,...		HRB400,HRB400E,HRBF400,...		冷轧带肋钢筋		冷轧扭钢筋	
	直径(mm)	连接方式	直径(mm)	连接方式	直径(mm)	连接方式	直径(mm)	连接方式	直径(mm)	连接方式
柱	3~10	绑扎	3~10	绑扎	3~10	绑扎	4~12	绑扎	6.5~14	绑扎
	12~14	绑扎	12~14	绑扎	12~14	绑扎	-	-	-	-
	16~22	电渣压力焊	16~22	电渣压力焊	16~22	电渣压力焊	-	-	-	-
	25~50	套管挤压	25~50	套管挤压	25~50	套管挤压	-	-	-	-
框架梁	3~10	绑扎	3~10	绑扎	3~10	绑扎	4~12	绑扎	6.5~14	绑扎
	12~14	绑扎	12~14	绑扎	12~14	绑扎	-	-	-	-
	16~22	直螺纹连接	16~22	直螺纹连接	16~22	直螺纹连接	-	-	-	-
	25~50	套管挤压	25~50	套管挤压	25~50	套管挤压	-	-	-	-
非框架梁	3~10	绑扎	3~10	绑扎	3~10	绑扎	4~12	绑扎	6.5~14	绑扎
	12~14	绑扎	12~14	绑扎	12~14	绑扎	-	-	-	-
	16~22	直螺纹连接	16~22	直螺纹连接	16~22	直螺纹连接	-	-	-	-
	25~50	套管挤压	25~50	套管挤压	25~50	套管挤压	-	-	-	-
板	3~10	绑扎	3~10	绑扎	3~10	绑扎	4~12	绑扎	6.5~14	绑扎
	12~14	绑扎	12~14	绑扎	12~14	绑扎	-	-	-	-
	16~22	直螺纹连接	16~22	直螺纹连接	16~22	直螺纹连接	-	-	-	-
	25~50	套管挤压	25~50	套管挤压	25~50	套管挤压	-	-	-	-
墙水平筋	3~10	绑扎	3~10	绑扎	3~10	绑扎	4~12	绑扎	6.5~14	绑扎
	12~14	绑扎	12~14	绑扎	12~14	绑扎	-	-	-	-

说明

1. 该部分内容影响钢筋连接方式，请按照规范及实际工程情况选择。
2. 柱：框架柱、墙柱、构造柱、梯柱。
3. 框架梁：框架梁、独立梁、框架梯梁。
4. 非框架梁：非框架梁、非框架梯梁。
5. 板：现浇板（除拉筋和马凳筋）、柱帽、楼梯休息平台。
6. 墙水平筋：剪力墙水平筋、暗梁、连梁、砌体墙加强筋。
7. 墙垂直筋：剪力墙垂直筋。
8. 基础：基础主次梁、基础联系梁、筏板（除拉筋和马凳筋）、独立基础、桩承台、集水坑、柱墩、条形基础。
9. 其它：圈梁、过梁、窗台、砌体墙通长筋、楼梯、栏板（含栏板及其余零星构件）。

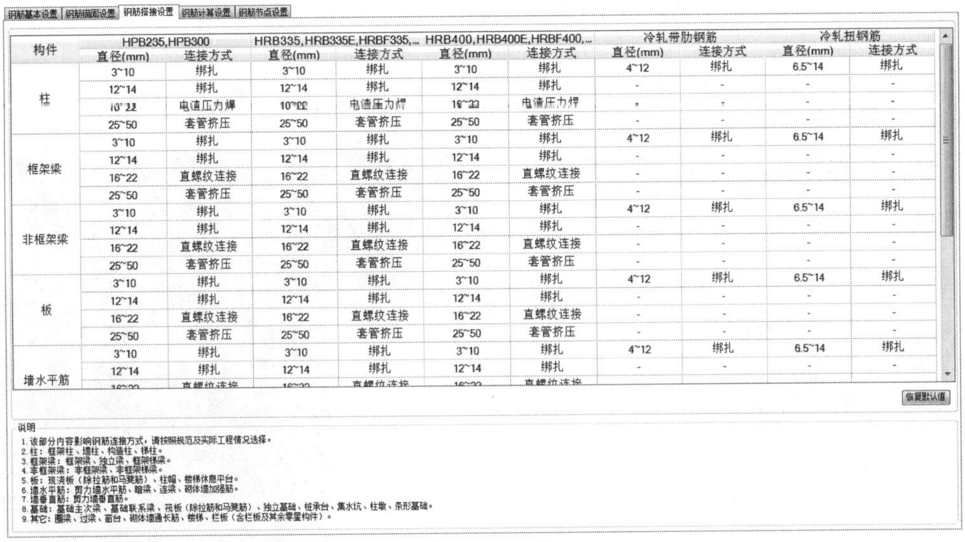

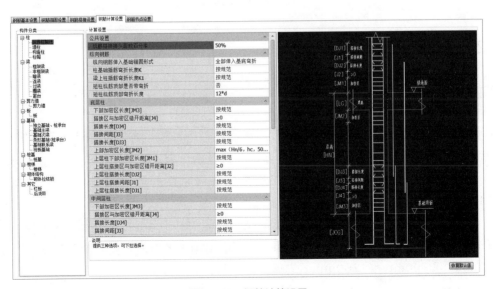

图 5-14 钢筋搭接设置

（4）钢筋计算设置

钢筋计算设置，是按照国标、图集及实际施工经验值，设置各类构件各项钢筋的计算规则，图纸设计值与软件默认不符时可进行修改，如图 5-15 所示。

图 5-15 钢筋计算设置

（5）钢筋节点设置

钢筋节点设置选项按照国标、图集及实际施工经验值，设置各类构件的各项钢筋计算参数，该界面中以图文表的形式显示各构件的节点设置。软件中默认的节点，是规范的和最常用的节点形式，一般工程不需要进行设置，如果实际工程中使用的是其他节点，可以在界面修改节点取值或选择其他节点，如图 5-16 所示。

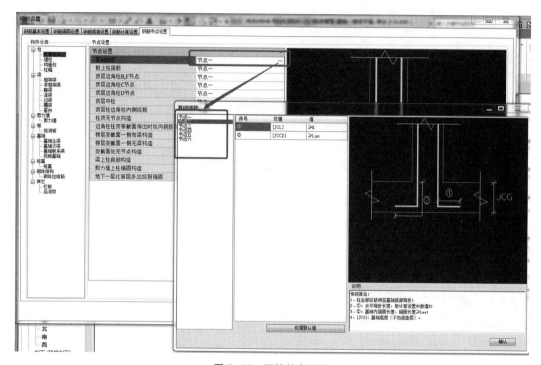

图 5-16　钢筋节点设置

5.2　基础钢筋布置

5.2.1　独立基础（桩承台）钢筋识图

识读项目施工图，本工程基础为桩基础带承台。

桩基承台平法施工图，有平面注写与截面注写两种表达方式，设计者可根据具体工程情况选择哪种，或将两种方式相结合进行桩基承台施工图设计。

识读"结施 02、结施 03a"，本工程桩基承台采用的是截面注写表达方式，有 CT1 和 CT2 两种承台，如图 5-17 所示。

由大样图可知：CT1 截面尺寸为长 × 宽 × 高 =1000mm×1000mm×1000mm，配筋为环式配筋承台，即 3 个方向均配置封闭箍筋；CT2 截面尺寸为长 × 宽 × 高 =1000mm×2800mm×1200mm，为梁式配筋承台。

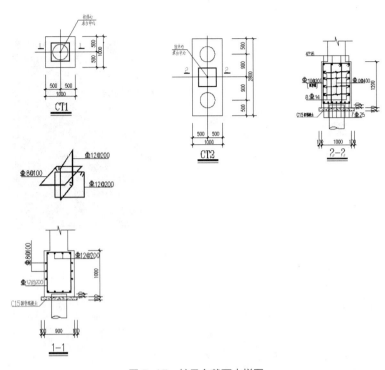

图 5-17　桩承台截面大样图

5.2.2　独立基础（桩承台）钢筋定义

（1）点击【晨曦 BIM 钢筋】选项卡—【定义】面板—【钢筋定义】功能，弹出【钢筋定义】面板。

（2）在左侧【构件类型】中选择【基础】—【独立基础（桩承台）】。

（3）在中间【本层构件】栏对楼层进行编辑，选择对应的楼层。

（4）定义 CT1 钢筋。鼠标左键选择 CT1，CT1 为环式配筋，三个方向均配置封闭箍筋。在右侧【钢筋信息】里选择对应类型输入对应钢筋信息：选择类别为矩形桩承台，选择钢筋为侧面筋，按"结施图 03a"输入 CT1 配筋信息，如图 5-18 所示。

（5）定义 CT2 钢筋。鼠标左键选择 CT2，识读图纸，在【钢筋信息】栏我们发现所需输入的配筋信息与图纸所给的 CT2 的配筋信息无法匹配，此时需利用【通用工具】来定义及布置 CT2 的钢筋信息。

【通用工具】功能，主要用于定义复杂的、零星的以及不可直接编辑布置钢筋实体的构件。

【操作步骤】

1）点击【晨曦 BIM 钢筋】选项卡—【通用工具】功能，点选要布置钢筋的构件 CT2，弹出如图 5-19 所示窗口。

2）点击【剖切】功能，在俯视图中，按图纸方向绘制一条剖切线，生成剖面，如图 5-20 所示。

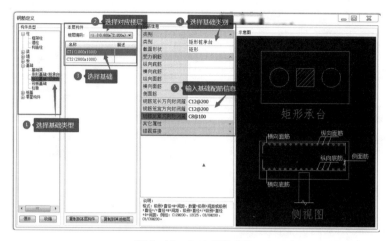

图 5-18 CT1 钢筋定义

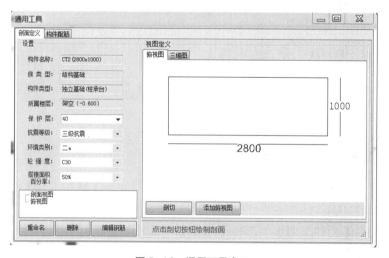

图 5-19 通用工具窗口

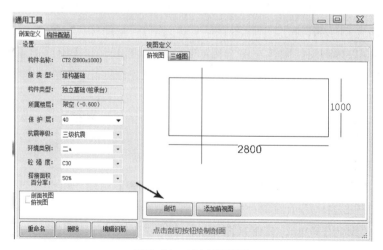

图 5-20 创建剖切视图

3）选择剖面图 1，点击窗口上方【构件钢筋】，进入构件配筋定义界面。

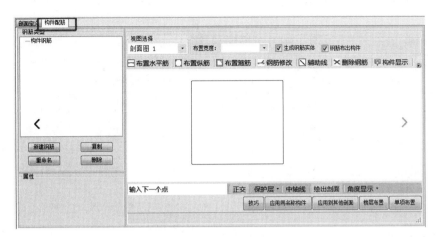

图 5-21 配筋定义界面

4）点击【新建钢筋】，选择钢筋类型，在下方属性框中按照图纸内容完成该类型钢筋信息的输入与属性的设置，如图 5-22 所示。

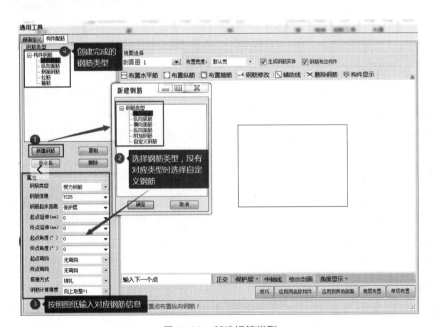

图 5-22 新建钢筋类型

5）布置钢筋：布置钢筋有布置水平筋、布置纵筋、布置箍筋三种。

A.【布置水平筋】：用于布置平行于剖切面的钢筋，一个钢筋类型仅可绘制一次。

B.【布置纵筋】：用于布置垂直于剖切面的钢筋，有四种布置形式。

a.【垂直布置】用于布置平行于边的垂直筋。点击【垂直布置】，出现全部纵筋、中部纵筋、角部纵筋三种模式，根据钢筋布置情况选择正确模式，移动鼠标到构件边线，出现纵筋之后，单击鼠标左键即可生成平行于边的垂直筋，如图 5-23 所示。

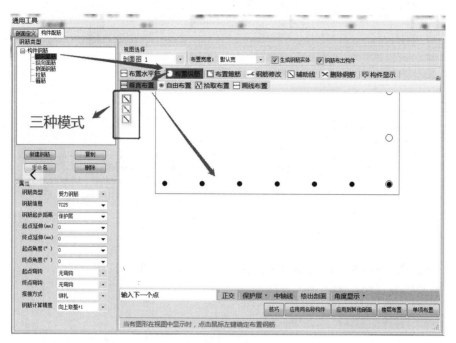

图 5-23　布置纵筋

b.【自由布置】用于布置任意位置的垂直筋，点击【自由布置】，在剖面中任意位置单击鼠标左键，即可在该位置绘制垂直筋。

c.【拾取布置】拾取辅助线布置纵筋，用于在辅助线上布置纵筋，需提前绘制好辅助线。

d.【画线布置】通过点击起点终点画线来布置纵筋。

注：分析 CT2 截面大样，选择垂直布置方法布置纵筋，上下部纵筋适合全部纵筋方式，侧部钢筋适合选择中部钢筋方式，纵筋布置完成如图 5-24 所示。

C.【布置箍筋】：用于布置剖面的箍筋，结合构件剖面图绘制，有纵向箍筋布置和水平箍筋布置两种。

a.【纵向箍筋布置】：用于在剖面上布置纵向钢筋。

b.【水平箍筋布置】：用于在纵向钢筋上布置箍筋，有二维多段线和二维矩形两种布置方法。"二维多段线"即自由绘制闭合的多段线，在纵筋上生成箍筋；"二维矩形"即自由框选闭合区域，在纵筋上生成箍筋。

分析 CT2 配筋情况，需要在纵向钢筋上布置箍筋，选择【水平箍筋布置】方式布置箍筋。点击【水平箍筋布置】，选择二维矩形拉框布置箍筋。拉筋类似单肢箍，选用箍筋相同方法进行布置，CT2 钢筋布置完成后如图 5-25 所示。

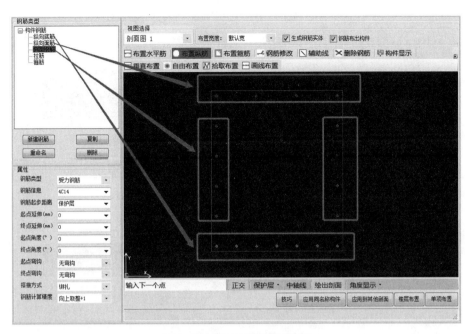

图 5-24　纵筋布置完成示意图

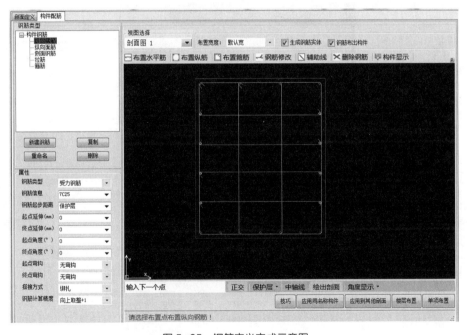

图 5-25　钢筋定义完成示意图

当图纸中存在多个与当前构件名称相同的构件时，单击【应用同名称构件】可以完成相同名称构件钢筋信息的复制。

单击应用同名称构件，弹出【应用同名称构件】窗口，勾选对应楼层，如图 5-26 所示，点击【确定】后弹出【应用结果】窗口，如图 5-27 所示。

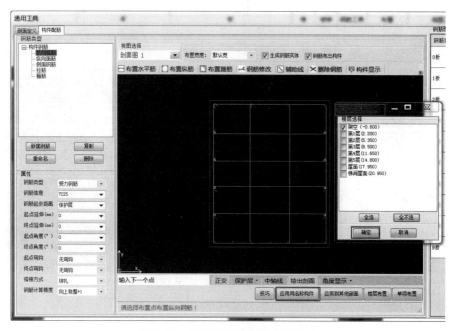

图 5-26 复制相同名称构件配筋信息

图 5-27 应用同名称构件结果

5.2.3 独立基础（桩承台）钢筋布置

布置钢筋有两种方法：单项布置与批量布置，如图 5-28 所示。

图 5-28 钢筋布置

1. 单项布置

【单项布置】是将单个构件或多选多个构件进行钢筋实体的布置，并自动计算其实体钢筋工程量。

操作步骤：选中需要布置钢筋的独立基础（桩承台）CT1、CT2，点击【晨曦 BIM 钢筋】选项卡，选择【布置】面板中的【单项布置】功能，即可布置选中构件的钢筋，布置完成后如图 5-29 所示。

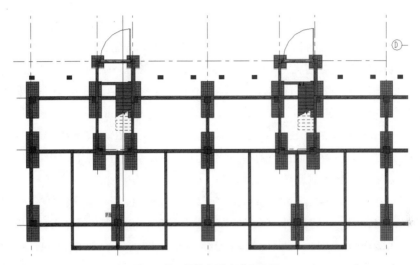

图 5-29　钢筋布置完成示意图一

2. 批量布置

【批量布置】可全选布置整个项目的钢筋，也可选择楼层中的具体构件类型进行钢筋的布置。

操作步骤：点击【晨曦 BIM 钢筋】选项卡，选择【布置】面板中的【批量布置】功能，弹出布置汇总窗口，左侧选择楼层，右侧展开基础构件，勾选需要布置钢筋的构件"独立基础（桩承台）"，如图 5-30 所示，点击【确定】，布置完成弹出【布置成功】窗口。

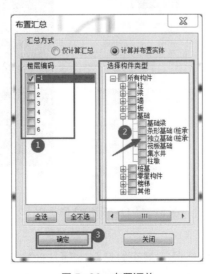

图 5-30　布置汇总

5.3 柱钢筋布置与钢筋工程量计算

5.3.1 柱钢筋定义

在依次完成前述的【工程设置】【构件分类】【钢筋设置】的设置操作后,再点击【钢筋定义】功能按钮,进入钢筋定义窗口,在左列【构件类型】中,选择"框架柱"。对照"鸿森林仓储物流 3 号宿舍"工程项目实例的结构施工图纸的柱子施工图,点选每一层的每个柱子构件的名称,在对应的【钢筋信息】一栏中,仔细填写各段柱子的配筋信息。这个环节中应注意的工作要点是:建筑的结构柱截面尺寸一般随着楼层的升高逐渐减少,所以,即使是同一柱编号的柱子,当柱截面尺寸在不同的楼层中出现变化时,应将柱子分段建模(给予不同的柱构件类别名称),并对应不同的柱构件类别名称的构件来分段输入各个柱段的钢筋信息。

下面以实例中的框架柱 KZ1(标高 −0.600~2.200 柱段)实操为例,来讲解柱钢筋的定义。该 KZ1 柱段的构件名称为"KZ1(500×500)",落在 BIM 模型的负一层(−0.600~2.200m)中。据查该柱段的结构施工图可知,该柱段的柱纵向钢筋配筋信息为:纵筋三级钢(HRB400,用 C 表示,其余部分同),角筋 4 根 C18,b 边一侧纵筋 2 根 C18,h 边一侧纵筋 2 根 C18;箍筋为 4×4 符合箍筋一级钢,箍筋配 C8@100/200。将该柱段信息录入到【钢筋定义】窗口中的钢筋信息一栏。输入结果如图 5-31 所示。

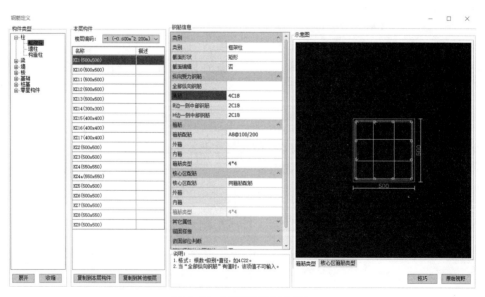

图 5-31 【钢筋定义】选项卡

在实际操作中,如果某根柱段的钢筋信息与本层其他柱编号柱段相同,可以点选【复制到本层构件】的功能按钮来实现;如果某根柱段的钢筋信息与其他楼层柱段相同,可以点选【复制到其他层】的功能按钮来实现。

5.3.2　柱钢筋布置

在完成前述的柱子的钢筋定义操作后，就可以在各层的平面视图中，对各层柱子进行钢筋的布置。在晨曦 BIM 钢筋插件选项卡中，提供两种布置结构构件钢筋的方法，分别是【单项布置】和【批量布置】。

下面以实例中的框架柱 KZ1（标高 −0.600~2.200 柱段）实操为例，来讲解柱钢筋的定义。

首先在项目浏览器中点选进入【楼层平面】的"架空（−0.600）"平面视图。为了避免视觉上的干扰，点选属性选项卡中的【可见性 / 图层替换】按钮，弹出可见性设置窗口，在其中点选【导入的类别】，将"架空层平面图 .dwg"的 CAD 图纸链接关闭（即是将该图纸链接的前面小方框中的勾选去掉）。

然后在平面视图中，找到最左下角的框架柱 KZ1。先用鼠标框选该 KZ1 柱段，然后点选【晨曦 BIM 钢筋】选项卡中的【单项布置】，平面识图中的柱截面就显示布置了钢筋实体，至此完成了该柱段的钢筋布置。如图 5-32 所示。

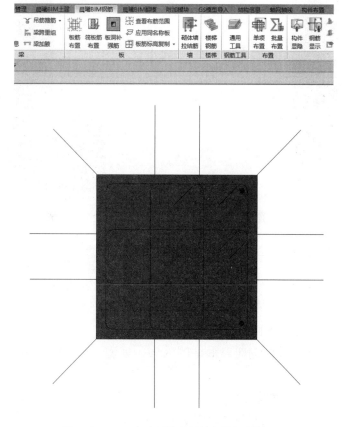

图 5-32　KZ1 架空层柱段钢筋布置平面效果图

在本钢筋布置步骤操作中，要注意以下两点：

（1）在进行【单项布置】或【批量布置】前，一定要先用鼠标框选中要布置的结构构件。

（2）当柱子的钢筋定义中，已录入本层所有柱段的钢筋信息，可以先用鼠标框选本层所有或部分柱子，然后采用【批量布置】功能，实现更高效的柱子钢筋布置。

在平面视图中布置好柱子的钢筋后，可以先框选选中某几段，点选【晨曦 BIM 钢筋】选项卡中的【钢筋显示】功能按钮，就可以在三维透视的状态下，来观察柱子钢筋布置的三维效果，以便于校对。如图 5-33 所示。

还可以在项目浏览器点选进入三维识图状态，然后找到可以观察到 KZ1 架空层柱段和其下连接的基础，先按紧键盘 Ctrl 键，鼠标点选 KZ1 架空层柱段和其下连接的基础（柱子和基础一起选中），然后再点选【晨曦 BIM 钢筋】选项卡中的【钢筋显示】功能按钮，就可以在三维透视的状态下，来观察柱子钢筋布置连接基础的三维效果，以便于更好地校对柱子钢筋锚固入基础的钢筋信息。如图 5-34 所示。

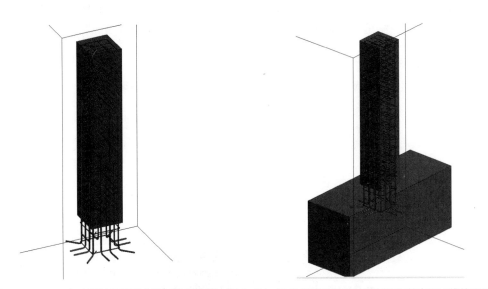

图 5-33　KZ1 架空层柱段钢筋布置三维效果图　图 5-34　KZ1 架空层柱段连接基础钢筋布置三维效果图

5.3.3　异形柱的钢筋布置

在晨曦 BIM 钢筋插件中，支持对多种异形柱截面的钢筋布置，其布置步骤方法与柱的钢筋布置相同。

异形柱的钢筋布置要点主要在于：

（1）先需在 Revit 平台创建异形柱的 Revit 模型，才能进入晨曦 BIM 钢筋插件进行柱的钢筋布置操作。

（2）进入晨曦 BIM 钢筋插件选项卡后，与普通柱子一样，要先对异形柱依次进行【工程设置】【构件分类】【钢筋设置】的设置操作，该操作可参照普通矩形柱子钢筋布置的操作。完成钢筋设置后，异形柱的【钢筋定义】，必须将【钢筋信息】一栏中的【截面编辑】选项选为"是"。在右下角就会出现【编辑】按钮。如图 5-35 所示。

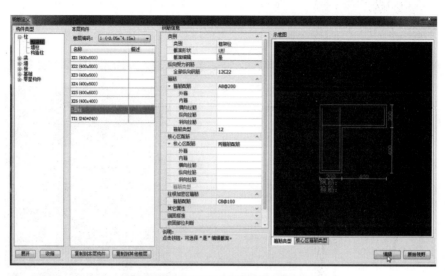

图 5-35　异形柱的【钢筋定义】操作界面

点击右下角【编辑】按钮，将进入【钢筋截面编辑】界面。利用该界面中所提供的各种编制绘制功能按钮，依次进行如下操作步骤：首先，进行纵筋信息输入，然后布置纵向角筋，再布置纵向边筋，接着才进行箍筋信息输入，最后布置箍筋。如图 5-36所示。

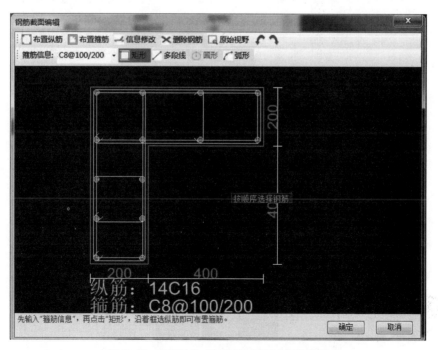

图 5-36　异形柱的【钢筋截面编辑】操作界面

完成【钢筋截面编辑】的异形柱截面编辑操作后，点击【确定】按钮，回到【钢筋定义】界面，将如图 5-37 所示。上述的【钢筋截面编辑】功能，同样可以试用于普通柱子的钢筋截面编辑。

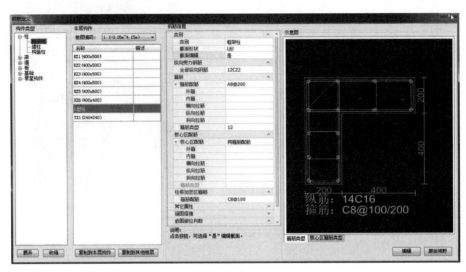

图 5-37　异形柱完成钢筋编辑后的【钢筋定义】界面

（3）异形柱的钢筋布置与普通结构柱相同，也是先选取异形柱模型，然后点选【单项布置】或【批量布置】功能按钮，即可完成钢筋布置工作步骤。

（4）异形柱也可以通过【晨曦 BIM 钢筋】选项卡的【钢筋显示】按钮，到三维透视的状态下，观察异形柱钢筋布置的三维效果，以便于更好地校对柱子钢筋锚的钢筋信息。如图 5-38 所示。

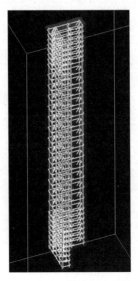

图 5-38　异形柱的钢筋布置三维透视效果图

5.3.4　柱钢筋工程量计算

在晨曦 BIM 算量软件中，与其他结构构件一样，当对柱子等结构构件进行钢筋布置后，晨曦 BIM 算量软件将自动生成钢筋工程量的明细表。

还以实例中的框架柱 KZ1（标高 −0.600~2.200 柱段）实操为例，来讲解柱钢筋明细表自动生成后的读取操作。

当对实例中的框架柱 KZ1（标高 −0.600·2.200 柱段）进行钢筋布置后，先在平面视图中选中该柱段，然后点选【晨曦 BIM 钢筋】选项卡中的【钢筋明细】功能按钮，就可以弹出钢筋工程量计算结果的钢筋明细表格，如图 5-39 所示。

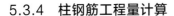

图 5-39　柱的钢筋计算结果明细表

5.4　墙的钢筋布置与钢筋工程量计算

晨曦 BIM 钢筋插件模块，可以对 Revit 所创建的建筑模型的剪力墙，进行钢筋实体的布置，并可用于钢筋算量。其钢筋布置和算量的操作步骤与方法，基本与框架柱相同，分五个关键步骤来完成，按操作的先后顺序，依次为：【工程设置】【构件分类】【钢筋设置】【钢筋定义】【单项 / 批量布置】。由于【工程设置】【构件分类】【钢筋设置】【单项 / 批量布置】和【钢筋明细表】的内容和本章的基础和柱子钢筋布置的操作内容相似，本节重点介绍剪力墙的【钢筋定义】。

5.4.1　剪力墙钢筋定义

1. 点击【晨曦 BIM 钢筋】选项卡【钢筋定义】功能，弹出钢筋定义窗口，如图 5-40 所示。

2. 在该窗口中【钢筋信息】一栏，按照实际项目结构施工图的剪力墙具体配筋数据和设计要求，按照说明输入规范信息或者下拉选择，如图 5-41 所示。

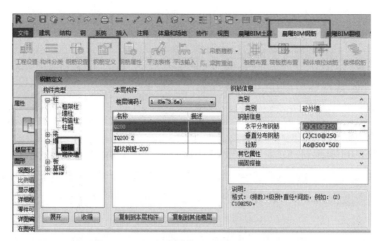

图 5-40　晨曦 BIM 钢筋的【钢筋定义】选项卡界面

图 5-41　【钢筋定义】选项卡界面的【钢筋信息】

3. 在该窗口中【其他属性】一栏，信息来源于【工程设置】中【钢筋设置】以及【钢筋设置】的内容，也可对该构件其他属性做单独修改（如：该构件所处环境类别不同时，可点击【环境类别】下拉选择，保护层厚度会联动修改），如图 5-42 所示。

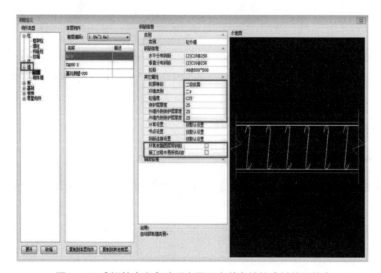

图 5-42　【钢筋定义】选项卡界面中剪力墙的【其他属性】

5.4.2　剪力墙的钢筋布置

在完成前述的剪力墙的钢筋定义操作后，就可以在各层的平面视图中，对各层剪力墙进行钢筋的布置。在晨曦 BIM 钢筋插件选项卡中，提供两种布置结构构件钢筋的方法，分别是【单项布置】和【批量布置】。

在进行剪力墙钢筋布置步骤操作中，要注意以下两点：

（1）在进行【单项布置】或【批量布置】前，一定先用鼠标框选中要布置的剪力墙结构构件。

（2）当剪力墙的钢筋定义中，已录入本层所有剪力墙的钢筋信息，可以先用鼠标框选本层所有或部分剪力墙，然后采用【批量布置】功能，实现更高效的柱子钢筋布置。而【单项布置】一次只能布置一个剪力墙段。

在平面视图中布置好剪力墙的钢筋后，可以先框选选中某几段剪力墙，点选【晨曦 BIM 钢筋】选项卡中的【钢筋显示】功能按钮，就可以在三维透视的状态下，观察剪力墙钢筋布置的三维效果，以便于校对。

还可以在项目浏览器点选进入三维识图状态，然后找到可以观察到首层剪力墙段和其下连接的基础，先按紧键盘 Ctrl 键，鼠标点选剪力墙段和其下连接的基础（剪力墙和基础一起选中），然后再点选【晨曦 BIM 钢筋】选项卡中的【钢筋显示】功能按钮，就可以在三维透视的状态下，来观察剪力墙钢筋布置连接基础的三维效果，以便于更好地校对剪力墙钢筋锚固入基础的钢筋信息。

5.4.3　剪力墙钢筋的钢筋算量

在晨曦 BIM 算量软件中，与其他结构构件一样，当对剪力墙等结构构件进行钢筋布置后，晨曦 BIM 算量软件将自动生成钢筋工程量的明细表。当对剪力墙进行钢筋布置后，先在平面视图中选中该剪力墙段，然后点选【晨曦 BIM 钢筋】选项卡中的【钢筋明细】功能按钮，就将弹出钢筋工程量计算结果的钢筋明细表格。

5.4.4　砌体墙的钢筋布置

晨曦 BIM 钢筋插件模块，可以对 Revit 所创建的建筑模型中的砌体墙，进行通长筋和拉结筋等构造钢筋实体的布置，并可计算钢筋工程量。

其钢筋布置和算量的操作步骤与方法基本与柱等其他构件相同，分六个关键步骤来完成，按操作的先后顺序，依次为：【工程设置】【构件分类】【钢筋设置】【钢筋定义】【单项/批量布置】和【钢筋明细】。其中【工程设置】【构件分类】【钢筋设置】【单项/批量布置】和【钢筋明细】与其他柱等构件的操作相同。主要区别和操作要点在于：

（1）通长筋的【钢筋定义】的信息输入界面，如果钢筋信息中无横向短筋，可以空白不填。如图 5-43 所示。钢筋信息中的【其他属性】可用来调整砌体墙的计算设置等。如图 5-44 所示。

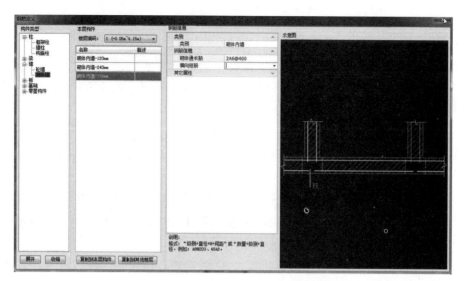

图 5-43 砌体墙的【钢筋定义】界面

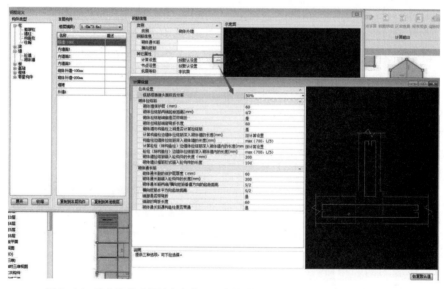

图 5-44 砌体墙的【钢筋定义】界面中的【其他属性】的【计算设置】界面

（2）拉结筋的钢筋布置，不用进行钢筋定义，而是在晨曦 BIM 钢筋选项卡中，直接先点击【砌体墙拉结筋】功能按钮，弹出【砌体加筋】的界面，点击加载条件右边的小框，进入参数化图形的选择，选择适合的砌体墙参数图片，可直接在图片中修改钢筋信息。按照实际工程项目的砌体墙构造要求选择合适的构造大样，进行拉结筋构造布置。如图 5-45 所示。然后可在【砌体加筋】的界面下方选择【手动布置】和【自动布置】两种砌体拉结筋布置方案，完成拉结筋布置工作。其中，如果选用【手动布置】方案，直接框选墙即可布置砌体墙拉结筋；如果是选用【自动布置】方案，则选择楼层即可布置砌体墙拉结筋。

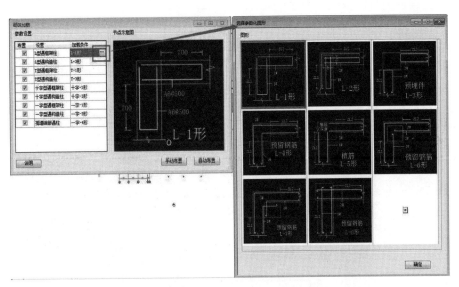

图 5-45　砌体墙的【砌体加筋】界面中选择参数化图形的界面

（3）布置好砌体墙的钢筋后，可以先选中某段砌体墙，点选【晨曦 BIM 钢筋】选项卡中的【钢筋显示】功能按钮，就可以在三维透视的状态下，观察砌体墙钢筋布置的三维效果，以便于校对。还可以在项目浏览器点选进入三维识图状态，然后找到可以观察到砌体墙段和其连接的框架柱子，先按紧键盘 Ctrl 键，鼠标点选砌体墙段和其连接的框架柱子（砌体墙和框架柱子一起选中），然后再点选【晨曦 BIM 钢筋】选项卡中的【钢筋显示】功能按钮，就可以在三维透视的状态下，来观察砌体墙钢筋布置连接框架柱子的三维效果，以便于更好地校对砌体墙钢筋锚固入框架柱的钢筋信息。

5.5　梁钢筋计量

5.5.1　梁钢筋识图

识读项目结构图纸，本工程为框架结构。

梁钢筋注写有截面注写、平面注写两种方式，具体区别可阅读《混凝土结构施工图平面整体表示方法制图规则和构造详图（现浇混凝土框架、剪力墙、梁、板）》16G101—1，此处不做赘述。

通过识读结构施工图，本工程梁钢筋采用平面注写的方式，如图 5-46 所示。

图 5-46　梁平面注写示例

5.5.2 梁钢筋定义

1. 打开【晨曦 BIM 算量（土建钢筋二合一）】软件，进入楼层平面。为了方便梁钢筋输入，点击【视图工具】中【视图剖切】功能对视图范围进行重新设置，将视图调整到梁板位置，再通过【构件显隐】功能，显示出梁构件，如图 5-47、图 5-48 所示。

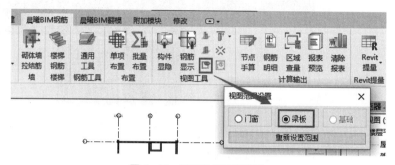

图 5-47　设置梁板视图范围

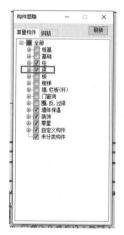

图 5-48　通过构件显隐显示梁构件

2. 打开【钢筋定义】功能，展开选择【框架梁】，在钢筋定义对话框中选择需要定义钢筋的梁构件，在钢筋信息对话框中依次输入箍筋、上部通长筋、下部通长筋及侧面钢筋等信息，本书以 KL1（2A）为例，如图 5-49、图 5-50 所示。

图 5-49　KL1（2A）配筋信息

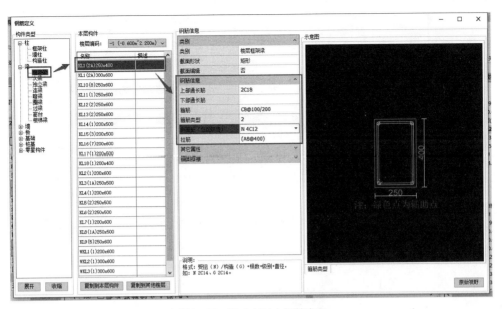

图 5-50　KL1（2A）钢筋定义

3. 除上述所用方法外，还可通过【平法表格】，在对应位置输入钢筋信息，完成钢筋集中标注和原位标注的定义，如图 5-51 所示。

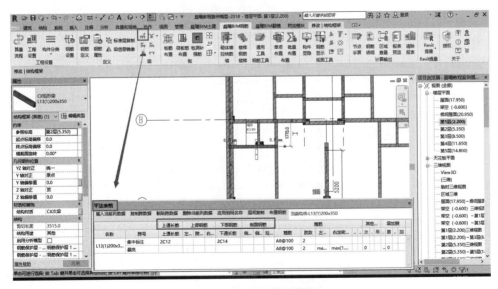

图 5-51　梁平法表格钢筋输入

5.5.3　梁钢筋定义应用技巧

1.【应用到同名称】，在对梁钢筋进行定义时，往往同名称梁钢筋信息是相同的，对此，通过【应用到同名称】功能，快速完成同名称梁钢筋定义，如图 5-52 所示。

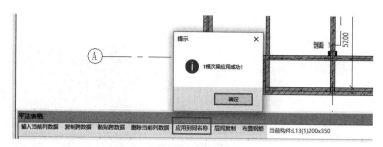

图 5-52 钢筋信息应用到同名称梁

2.【层间复制】，若其余楼层同名称构件配筋相同，则可在【平法表格】内通过【层间复制】功能，快速完成不同楼层间的钢筋布置，提高工作效率，如图 5-53、图 5-54 所示。

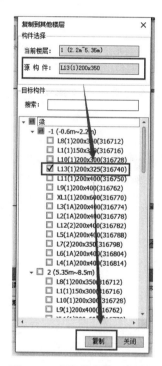

图 5-53 梁钢筋信息层间复制

图 5-54 梁钢筋信息层间复制应用成功

5.5.4　梁钢筋布置、显示与查量

1. 钢筋定义完成之后，晨曦提供两种钢筋布置方法，即单项布置与批量布置，如图 5-55 所示。

图 5-55　钢筋布置方法

（1）【单项布置】能够对选中的单个构件或多个构件进行钢筋实体布置并自动计算工程量。选中需要布置钢筋实体的梁构件，点击【布置】面板中【单项布置】功能，即可为选中构件布置钢筋实体，如图 5-56 所示。

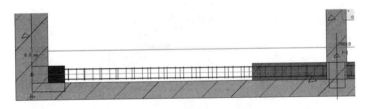

图 5-56　梁构件实体钢筋布置

（2）【批量布置】能够快速布置整个项目的钢筋。选择【布置】面板中【批量布置】功能，在【布置汇总】对话框中选择需要布置钢筋实体的构件，点击【确定】即可，如图 5-57、图 5-58 所示。

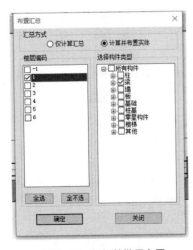

图 5-57　梁钢筋批量布置

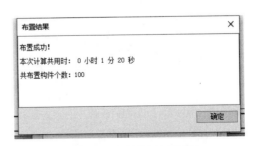

图 5-58　钢筋批量布置结果

2. 梁钢筋布置完成后,选中梁构件,选择【钢筋显示】功能,即可查看所布置的钢筋,如图 5-59、图 5-60 所示。

3. 选中需要查看钢筋量的构件,在【晨曦 BIM 钢筋】选项卡中选择【钢筋明细】功能,即可查看构件钢筋明细,如图 5-61 所示。

图 5-59　梁钢筋显示功能

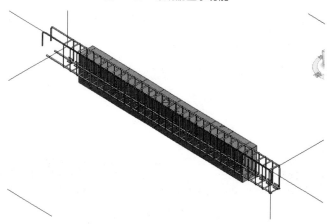

图 5-60　梁钢筋实体显示

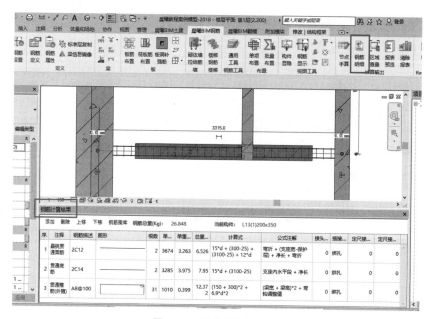

图 5-61　梁构件钢筋明细

5.6　板钢筋计量

5.6.1　板钢筋识图

通过识读结构施工图，本工程板配筋信息在板图纸设计说明中表达，在此不做赘述，以"一层板配筋平面图"说明为例，如图 5-62 所示。

板设计说明：

1. 本层梁、板混凝土强度等级为 C25。

2. "h" 表示板厚；未注明板厚均为 100mm。

3. 图中绘出但未注明及未绘出的板钢筋。

　（1）板上部负筋为 ⏀8@200；

　未注明的板上部钢筋尺寸均伸出梁支座边 500mm；

　（2）板厚 h=100~120 时：未注明板底筋均为 ⏀8@200；

　（3）板分布钢筋为 ⏀6@200。

4. 除注明外，梁定位均平柱、墙边或与轴线、尺寸线居中定位。

5. 板上砌墙处板底加筋未注明为 2 ⏀12，锚入梁内。

6. 本工程构造柱统一编号，未注明构造柱为 GZ，位置详建施。

7. 图中填充 ▨▨ 标高比相应楼层标高降低 50mm。

8. 屋面板、卫生间采用抗渗混凝土，抗渗等级为 P6。

9. 未尽事宜详见结构设计总说明。

图 5-62　板配筋设计说明

5.6.2　板钢筋定义

1. 打开【晨曦 BIM 算量（土建钢筋二合一）】软件，进入楼层平面。为了方便板钢筋布置，同样通过【视图剖切】及【构件显隐】功能，显示出板构件，如图 5-63 所示。

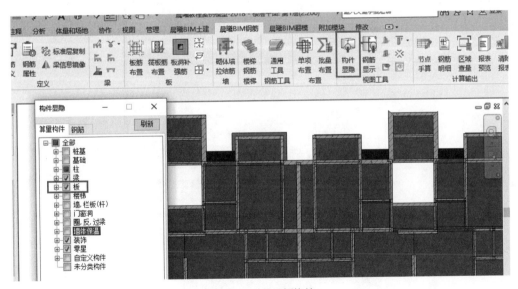

图 5-63　显示板构件

2. 选择【板筋布置】功能，可看见有底筋、面筋、负筋等多种钢筋类型，根据项目实际情况选择对应的钢筋类型即可，如图 5-64 所示。

3. 板底筋布置。以未标注底筋为例，通过识读图纸，本工程未注明板底筋均为 C8@200，点击【板】模块下【钢筋布置】按钮，打开【布置板筋】对话框，在钢筋类型中选择【底筋】,点击【新建】按钮,输入钢筋名称及钢筋型号,如图 5-65,将【布置方式】调整为【双向布置】,选择 X 及 Y 方向钢筋信息,选择布置方式,框选需要布置的范围,如图 5-66,最后点击左上角【完成】按钮即可完成板钢筋线的布置,如图 5-67 所示。

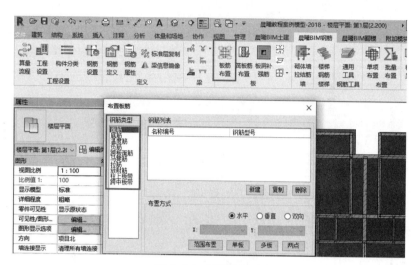

图 5-64　板钢筋类型

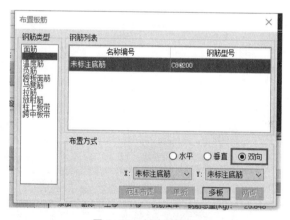

图 5-65　板底筋定义

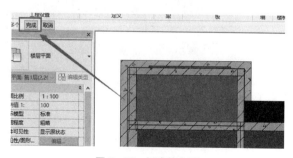

图 5-66　板底筋布置

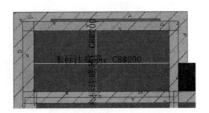

图 5-67　板底筋钢筋线布置完成示意

4. 板面筋布置。板面筋布置方式同板底筋,各位读者参考上述板底筋布置方式即可,本书不做赘述。

5. 板负筋布置。点击【板】模块下【钢筋布置】按钮,打开【布置板筋】对话框,在钢筋类型中选择【负筋】,点击【新建】按钮,此处需要根据实际情况选择负筋的单双挑即可新建负筋,根据图纸需求,输入钢筋型号。设置板负筋出挑长度,选择对应布置方式即可布置对应的板负筋钢筋线,如图 5-68 ~ 图 5-70 所示。

【按板边布置】选择楼板边界线即可布置板钢筋。

【选支座布置】选择板支座构件即可完成板钢筋布置。

【三点布置】此种布置方法较为灵活,可布置任意范围内的钢筋线。

以上三种布置方式各位读者可根据项目需求及自身习惯选择。

图 5-68　板负筋单双挑选择

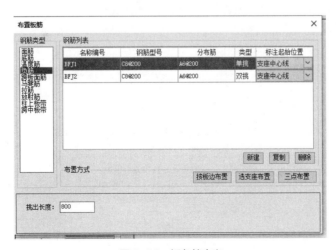

图 5-69　板负筋定义

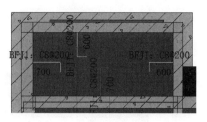

图 5-70　板负筋钢筋线布置完成示意图

5.6.3　板钢筋布置应用技巧

1.【应用同名称板】，在对板钢筋进行定义时，往往同名称板钢筋信息是相同的，对此，我们通过【应用同名称板】功能，快速完成同名称板钢筋定义，如图 5-71、图 5-72 所示。

图 5-71　板受力筋应用到同名称板

图 5-72　同名称板应用结果

2.【板筋标高复制】，若其余楼层同名称构件配筋相同，我们则可通过【板筋标高复制】功能，快速完成不同楼层间的钢筋布置，提高工作效率，如图 5-73 所示。

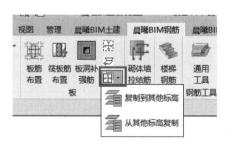

图 5-73　板筋标高复制功能

3.【查看布筋范围】，由于板布筋范围的不同，会影响到板钢筋量的多少，因此，板钢筋布置完成之后，我们需要查看板钢筋的布置范围，确保计量模型的准确性。选择【查看布筋范围】功能，如图 5-74 所示，鼠标左键选择需要查看的钢筋线，蓝色显示即为该钢筋布置范围，如图 5-75 所示。

图 5-74　查看布筋范围功能

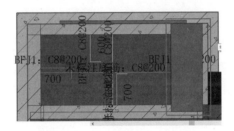

图 5-75　板负筋布置范围示意图

5.6.4　板钢筋布置、显示与查量

板钢筋实体布置方式、钢筋实体显示及查量方式与梁钢筋实体布置方式相同，均可通过【单项布置】功能完成，如图 5-76 ~ 图 5-78 所示。由于篇幅原因，各位读者可参考前述梁钢筋实体布置方式完成板钢筋实体布置，此处不再重复赘述。

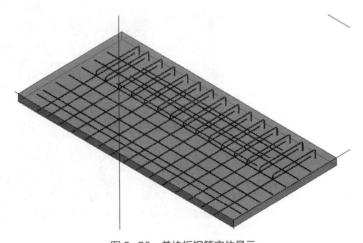

图 5-76　单块板钢筋实体显示

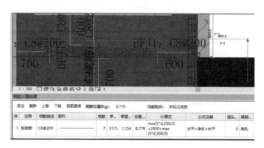

图 5-77　单块板板底筋计算结果

图 5-78　单块板负筋计算结果

5.7　楼梯钢筋计量

5.7.1　楼梯钢筋定义

1. 在【晨曦 BIM 钢筋】模块下，点击【楼梯】下的【楼梯钢筋】，在弹出【楼梯钢筋】对话框中，选择楼梯所在楼层，在【属性编辑】中，选择梯段类型，单击【确定】按钮，如图 5-79 所示。

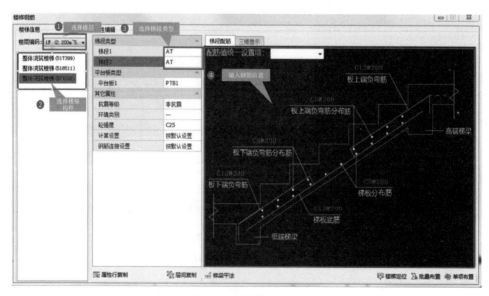

图 5-79　楼梯梯段钢筋定义

2.点击【平台板】属性框，在弹出【平台板定义】对话框中，输入【配筋信息】，选择面筋布置或底筋布置，选择钢筋方向，输入完成后，单击【确定】按钮，如图 5-80 所示。

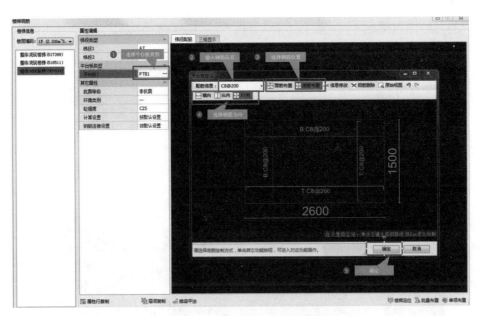

图 5-80 楼梯休息平台钢筋定义

3.点击【梯梁平法】，在弹出【梯梁平法】对话框中，选择楼层，选择构件，输入梯梁信息，输入完成后，单击【确定】按钮，如图 5-81 所示。

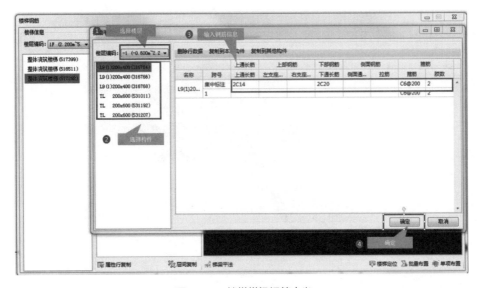

图 5-81 楼梯梯梁钢筋定义

5.7.2 楼梯钢筋布置、显示与查量

1. 梯段、梯梁、休息平台钢筋信息输入完成后，单击【楼梯钢筋】对话框中的【单项布置】按钮，将楼梯钢筋布置完成。

2. 楼梯钢筋布置完成后，可选中楼梯构件，单击【晨曦 BIM 钢筋】中的【钢筋显示】，查看所布置钢筋，如图 5-82 所示。显示结果如图 5-83 所示。

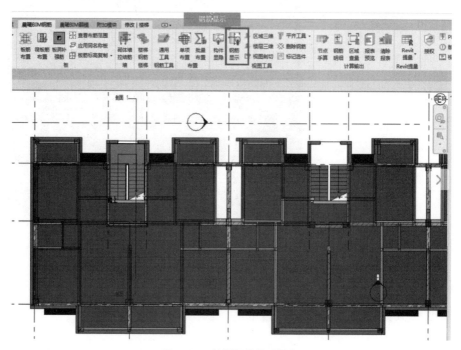

图 5-82 楼梯钢筋显示操作

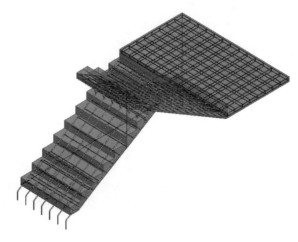

图 5-83 楼梯钢筋显示

3.可选中楼梯构件，单击【晨曦 BIM 钢筋】中的【钢筋明细】，查看所布置钢筋明细，如图 5-84 所示。

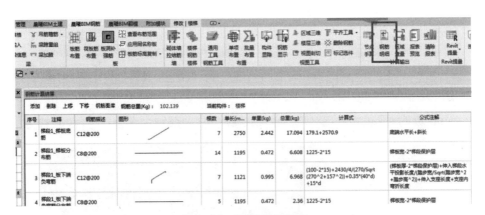

图 5-84　楼梯钢筋明细表

5.8　其他构件钢筋计量

除柱、梁、板、墙、基础和楼梯构件以外，还有一些如檐沟、地沟、阳台栏板等构件也有配筋，这些构件的钢筋计量通常采用【通用工具】和【节点手算】功能。

5.8.1　阳台栏板配筋图分析

1.根据图 5-85 可知，阳台栏板水平分布筋、垂直分布筋均为 HRB400 间距 200mm。采用【通用工具】功能，计算钢筋量。

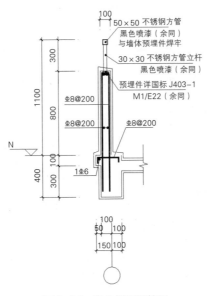

图 5-85　阳台栏板配筋图

2. 在【晨曦 BIM 钢筋】模块，点击【通用工具】，选中阳台栏板构件，如图 5-86 所示。

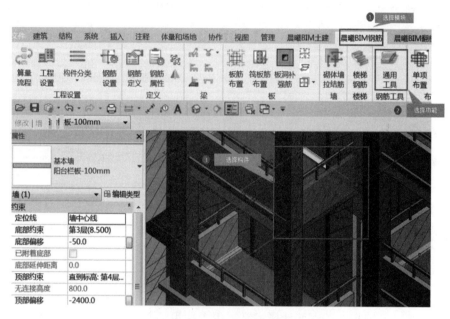

图 5-86 通用工具操作

3. 在弹出【通用工具】对话框中，单击【剖切】按钮，在俯视图中绘制剖切线，选择已建立剖切图，单击【编辑钢筋】按钮，如图 5-87 所示。

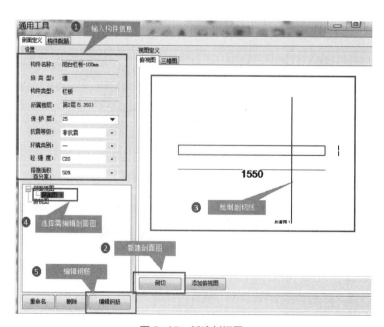

图 5-87 新建剖切图

4.进入【构件配筋】界面，单击【新建钢筋】，在弹出【新建钢筋】对话框中，选择新建钢筋类型为【水平分布筋】，单击【确定】，在【属性】编辑面板中编辑钢筋信息，在【钢筋图库浏览器】中选择【2 折】钢筋形状，如图 5-88 所示。垂直分布筋新建步骤同垂直分布筋，如图 5-89 所示。

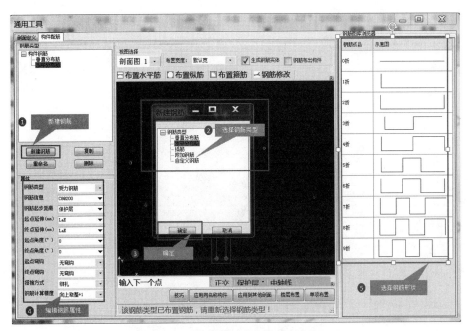

图 5-88 新建阳台栏板水平分布筋

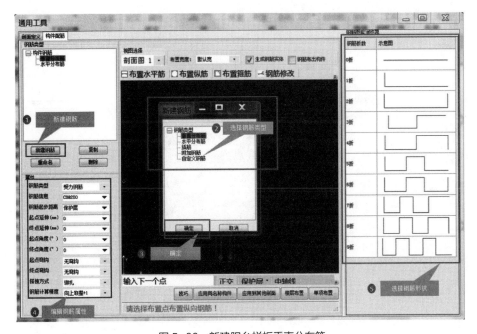

图 5-89 新建阳台栏板垂直分布筋

5.选择【水平分布筋】后,单击【布置水平筋】按钮,选择新建钢筋类型为【平行布置】,在剖面图 1 中选中构件轮廓线,由于水平筋伸入下部支座,单击【钢筋修改】后,单击【选点拉伸】,在剖面图中修改钢筋,选中点后向下拉伸 320mm,如图 5-90 所示。布置水平分布筋。水平分布筋、垂直分布筋布置完成后,单击【单项布置】,如图 5-91 所示。

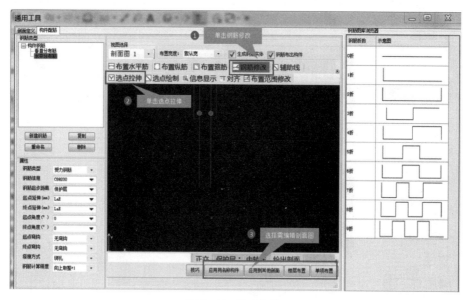

图 5-90　选点拉伸

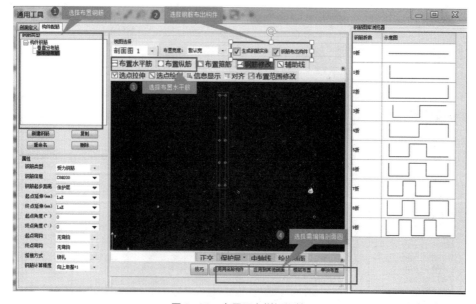

图 5-91　布置阳台栏板钢筋

6. 在【晨曦 BIM 钢筋】模块下，点击【钢筋显示】，可查看钢筋三维，点击【钢筋明细】，可查看钢筋计算结果，如图 5-92 所示。

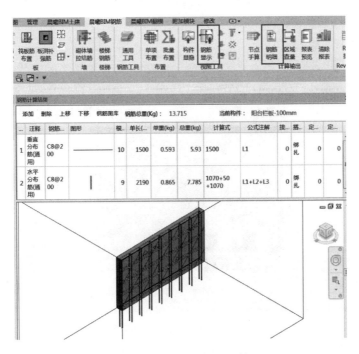

图 5-92　查看阳台栏板钢筋

5.8.2　线脚钢筋量计算

1. 线脚钢筋如图 5-93 所示，线脚内 Φ8@200 伸入梁内，采用【节点手算】功能计算，其余钢筋采用【通用工具】功能，计算钢筋量。

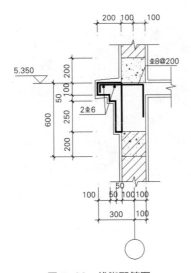

图 5-93　线脚配筋图

2. 进入【构件配筋】界面，单击【新建钢筋】，在弹出【新建钢筋】对话框中，选择新建钢筋类型为【腰线主筋】，单击【确定】，在【属性】编辑面板中编辑钢筋信息，在【钢筋图库浏览器】中选择【8 折】钢筋形状，单击【平行布置】、【布置水平筋】，单击构件轮廓，布置线脚水平筋如图 5-94 所示。

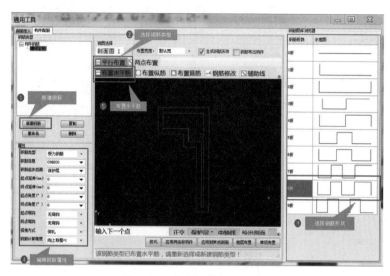

图 5-94　线脚钢筋布置水平筋

3. 步骤同上，新建线脚处 2 Φ 6 纵筋，单击【垂直布置】、【布置纵筋】,【两点布置】选择单击上部边线，布置线脚纵筋如图 5-95 所示。

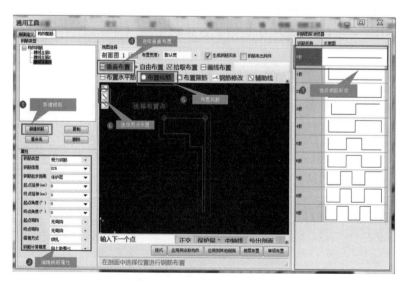

图 5-95　线脚钢筋布置纵筋

4. 线脚钢筋三维显示与钢筋明细查询步骤与阳台栏板一致。

5.9　分析统计钢筋工程量及报表输出

软件通过钢筋设置、节点设置，识读图纸获取构件配筋信息，定义及布置构件钢筋，完成项目钢筋建模及算量过程。根据实际算量需求，软件提供了形式多元化、实用性计算报表，如"钢筋构件类型用量表""钢筋级别用量表""钢筋明细表"等，用户不仅可以查看整个项日的计算结果，还可以单构件查量、分区域查量，为业主、施工方、第三方等实现不同的计算需求。

5.9.1　钢筋实体显示

方法一：点击承台构件，在【晨曦 BIM 钢筋】选项卡下的视图工具面板选择【钢筋显示】工具，如图 5-96 所示。

图 5-96　钢筋显示

点击【钢筋显示】功能，将生成一个三维视图，显示出的构件钢筋将以着色模式体现，如图 5-97、图 5-98 所示。

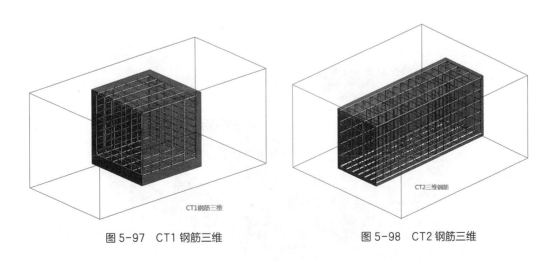

图 5-97　CT1 钢筋三维　　　　　　　图 5-98　CT2 钢筋三维

方法二：在【晨曦 BIM 钢筋】选项卡下的钢筋三维面板选择【楼层三维】工具，如图 5-99 所示。

图 5-99　楼层三维工具

选择【楼层三维】工具后弹出如图 5-100 所示界面，选中需要生成三维钢筋模型的楼层以及构件，勾选【修改视图样式】，选择需要的视图模式，单击【确定】即可。楼层三维功能，可以生成一整层构件钢筋三维模型，该方法适用于批量生成多个楼层和多个构件组合的钢筋三维模型，如图 5-101~ 图 5-104 所示。

图 5-100　楼层三维选择框

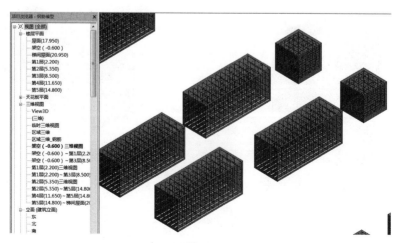

图 5-101　独立基础桩承台钢筋三维展示

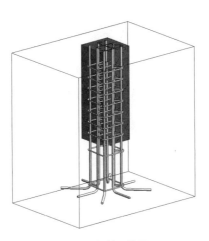

图 5-102　钢筋三维展示

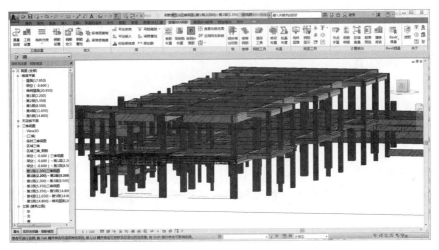

图 5-103　梁钢筋三维展示

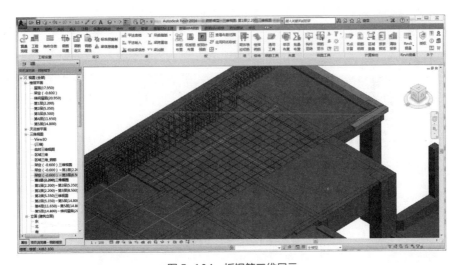

图 5-104　板钢筋三维展示

5.9.2 钢筋工程量计算

1. 单构件钢筋明细查量

【钢筋明细】功能用于对布置钢筋实体后的构件，进行单个构件的钢筋计算量的查看。

以桩承台 CT1 为例，选择构件 CT1—点击【晨曦 BIM 钢筋】选项卡—点击【钢筋明细】功能，弹出如图 5-105 所示【钢筋计算结果】窗口，表格内容即为 CT1 钢筋明细。

序...	注释	钢筋描述	图形	根数	单长(...	单重(kg)	总重(kg)	计算式	公式注解	接头个数
1	钢筋笼宽方向封闭箍	C12@200		6	3886	3.378	20.268	[(1000-2*40) + (1000-40-100)]*2 + 326	[(横向长度-2*bhc)+(厚度-bhc-桩顶嵌入宽度)]*2+弯钩	0
2	钢筋笼长方向封闭箍	C12@200		6	3838	3.335	20.01	[(1000-2*40) + (1000-40-100-2*12)]*2 + 326	[(纵向长度-2*bhc)+(厚度-bhc-桩顶嵌入宽度-2*横向钢筋D)]*2+弯钩	0
3	钢筋笼高方向封闭箍	C8@100		9	3801	1.48	13.32	[(1000-2*40-2*12) + (1000-2*40-2*12)]*2 + 217	[(横向长度-2*bhc-2*横向钢筋D)+(纵向长度-2*bhc-2*纵向钢筋D)]*2+弯钩	0

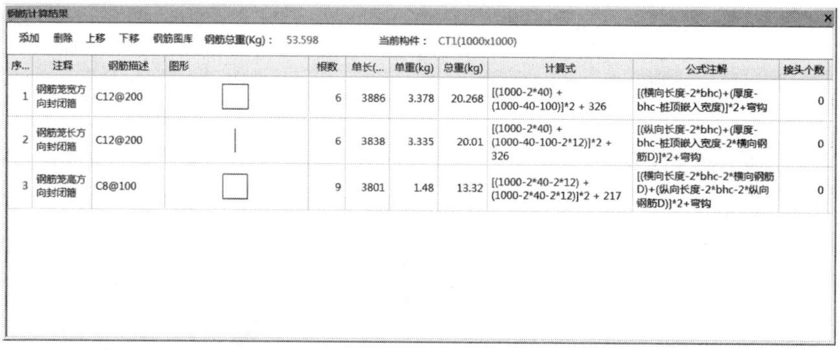

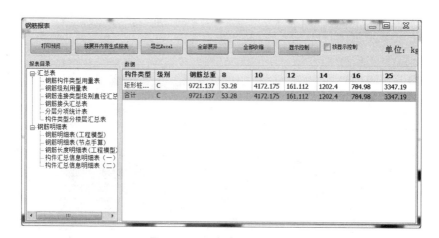

图 5-105　单构件钢筋明细表

2. 区域查量

【区域查量】功能用于对进行布置钢筋实体后的构件，进行多个构件的钢筋计算量的查看。

以桩承台为例，选择多个构件如 CT1、CT2—点击【晨曦 BIM 钢筋】选项卡—点击【区域查量】功能，如图 5-106 所示。

构件类型	级别	钢筋总重	8	10	12	14	16	25
矩形桩...	C	9721.137	53.28	4172.175	161.112	1202.4	784.98	3347.19
合计	C	9721.137	53.28	4172.175	161.112	1202.4	784.98	3347.19

图 5-106　区域查量钢筋报表

5.9.3　报表预览

点击【报表预览】，界面如图 5-107 所示，选择相应的表格类型，即可预览相应内容及导出 Excel 表格，如图 5-108 所示。

图 5-107　报表预览界面

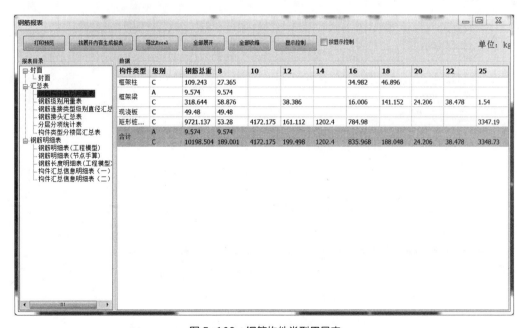

图 5-108　钢筋构件类型用量表

5.9.4　报表导出

点击【导出 Excel】，弹出如图 5-109 所示界面，勾选需要导出的表格名称，点击【确定】，选择保存位置，点击【保存】，如图 5-110 所示。

图 5-109　导出 Excel 表格类型

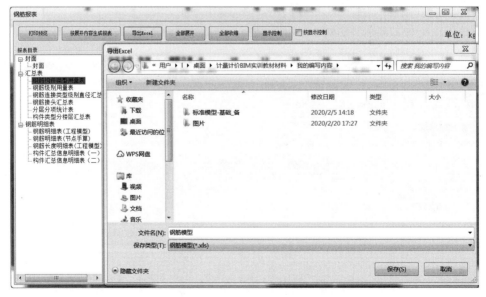

图 5-110　选择保存路径

第6章 BIM安装工程计量

6.1 BIM安装工程量概述

6.1.1 案例工程计算说明

1.晨曦BIM安装算量软件特点说明

晨曦BIM安装算量基于Revit平台而研发，秉承了Revit的所有功能特点，根据《建设工程工程量清单计价规范》和各省市区定额工程量计算规则，对模型进行工程量分析和汇总。

指导施工：各专业管线的位置、标高、连接方式及施工工艺先后进行三维模拟，按照现场可能发生的工作面和碰撞点进行方案的调整，实现方案的可施工性。

一模通用：同时用于工程设计、施工管理、成本控制、进度控制等多个环节，有效地避免了重复建模，实现了"一模多用"。

模拟手工：计算式模拟人脑思维，脱离软件给审核方按设计图纸查阅，突破安装算量软件对账难的技术瓶颈。

报表系统：报表功能强大，可按回路进行出量或按楼层进行出量导出。

操作简单：操作界面简洁、流程清晰。

2.晨曦BIM安装算量流程说明

在晨曦BIM安装算量平台中，通过建模/模型导入、工程设置、构件分类、系统回路、回路拾取、工程计算，即可完成BIM安装算量过程。

图6-1 晨曦BIM安装

软件出量流程（图6-2）：

（1）工程设置：进行楼层设置、电气设置、水暖设置、通风空调、分类设置等信息设置；

（2）构件分类：调整转换规则，将 Revit 模型构件转换为算量类型构件；

（3）系统回路：对已有的模型构件进行回路信息设置；

（4）回路拾取：对模型构件进行回路定义；

（5）工程计算：对已经分类的构件进行工程计算；

（6）报表输出：输出传统手工计算书工程量报表；

（7）清单定额：对已工程计算完的 Revit 模型构件进行自动套用清单定额。

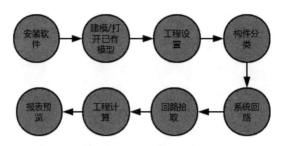

图 6-2　BIM 安装算量流程

6.1.2　BIM 安装算量工程设置要点说明

【工程设置】主要包括【工程属性】、【楼层设置】、【电气工程】、【水暖工程】、【通风工程】及【分类设置】六大项。

1. 工程属性

工程属性，主要针对项目基本信息编制，左侧基本信息可根据图纸信息进行编写，右侧计算依据可选择所属省份的清单定额规范，以及计算结果的小数点保留位数和风管厚度的选择。如图 6-3 所示。

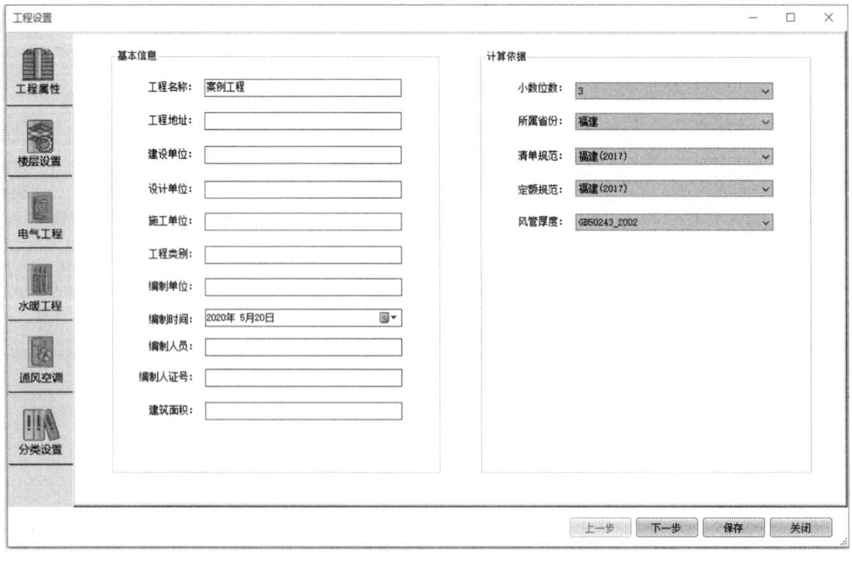

图 6-3　工程属性

2. 楼层设置

设置工程的楼层设置主要针对楼层的层高和标高进行设置，面板勾选创建的标高，两个标高组合一个楼层，在右边【楼层显示】窗口中显示如图 6-4 所示。

图 6-4　楼层设置

3. 电气工程

设置电气工程属性参数，对配管管径、配管支架、桥架支架相关参数进行设置或调整，例如案例工程配管管径为 50mm，那么根据配管的支吊架系数规则即为 0.231，用户也可根据项目具体要求进行其他设置。如图 6-5 所示。

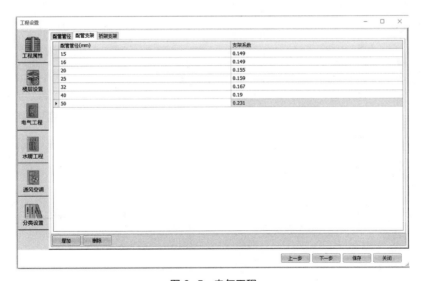

图 6-5　电气工程

4. 水暖工程

设置水暖工程属性参数，针对管道管径、管道支架、管道连接和管道保温厚度相关参数进行设置不同的参数以便为计算提供依据。

通过案例工程给排水说明得知给水管管径 ≥ DN80 采用球墨铸铁管，橡胶圈接口。管径 <DN80 采用钢塑管，螺纹接口，设置如图 6-6、图 6-7 所示。

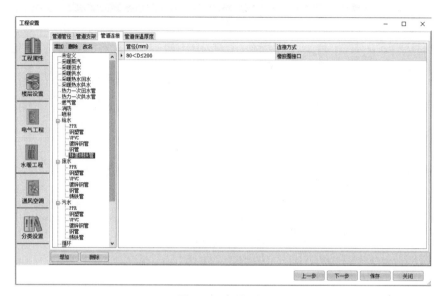

图 6-6　水暖工程

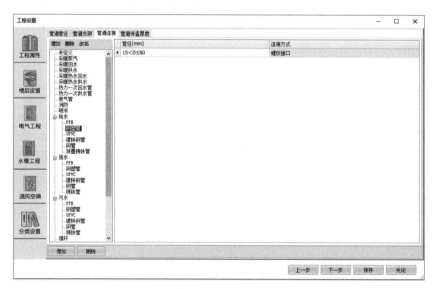

图 6-7　水暖工程

5. 通风空调

设置通风空调工程属性参数，提供对风管厚度、风管支架、冷媒管径和管道保温厚度相关参数进行设置修改，根据参数设置的不同，分类出量，为计算环节提供直接的数据支持。例如根据案例工程矩形风管镀锌钢板250mm×200mm，那么可根据支吊架计算规则直径或长边尺寸≤320mm，采用支架系数为4.223。如图6-8所示。

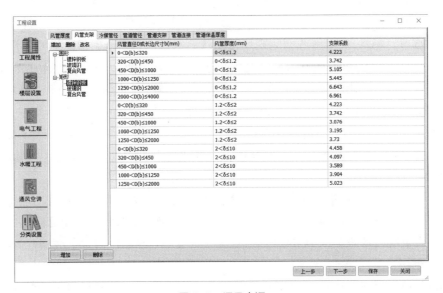

图6-8　通风空调

6. 分类设置

分类规则中设置算量类型的关键字，可对默认关键字库进行补充编辑，帮助软件做出正确的判断，将实例构件与算量类型之间进行关联。如图6-9所示。

图6-9　分类设置

6.2 给水排水工程计量

6.2.1 案例工程排水计算说明

根据案例工程给水排水设计总说明第三条（给水系统）、第四条（排水系统）、第六条 [管材（所有管材。阀门及配件均符合耐腐蚀和耐压要求）]，可知，本工程给水系统采用城市自来水，由本楼西南侧规划路市政给水管网引进一条 DN150 给水管供水，入口压力为 0.20MPa。本楼竖向分 2 个区供水：架空层 ~ 二层为低区，采用市政直供；三层 ~ 五层为高区，由变频给水设备与生活水池联合供给。冷水给水管：室外埋地管管径 ≥ DN80 采用球墨铸铁管，橡胶圈接口，管径 < DN80 采用钢塑管，螺纹接口；住宅户内给水支管采用 PP-R 管（公称压力为 1.0MPa）及其配件，热熔连接；变频给水管及低区给水管采用钢塑给水管及其配件，公称压力为 1.6MPa，DN<100mm 丝扣连接，DN ≥ 100mm 卡箍连接。给水管按 0.002 的坡度坡向立管。

本工程给水系统 – 高区变频给水管计量构件包含：截止阀、止回阀、水表、自动排气阀、末端设备等。市政给水管（低区）计量构件包含：截止阀、止回阀、水表、管道过滤器、末端设备等。其中末端设备有：坐式大便器、台式洗脸盆、洗涤盆、污水池、蹲便器、地漏。

根据《福建省房屋建筑与装饰工程预算定额（说明与计算规则）》（2017 版）– 安装定额第十册 给排水工程 – 第一章 给排水管道、第六章 卫生器具。可得给排水工程计算规则如下所示：

一、各种管道安装按室内外、材质、连接形式、规格分别列项，以"m"为计量单位。定额中铜管、塑料管、复合管（除钢塑复合管外）按外径表示，其他管道均按公称直径表示。

二、各类管道安装工程量均按设计管道中心线长度，以"m"为计量单位，不扣除阀门、管件、附件（包括器具组成）及井类所占的长度。

三、给水管道工程量计算至卫生器具（含附件）前与管道系统连接的第一个连接件（角阀、三通、弯头、管箍等）止。

四、各种阀门、补偿器、软接头、普通水表、IC 卡水表、水锤消除器、塑料排水管消声器安装，均按照不同连接方式、公称直径，以"个"为计量单位。

五、减压器、疏水器、水表、倒流逆止器、热量表组成安装，按照不同组成结构、连接方式、公称直径，以"组"为计量单位。减压器安装按高压侧的直径计算。

六、各种卫生器具均按设计图示数量计算，以"组"或"套"为计量单位。

七、大便槽、小便槽自动冲洗水箱安装分容积按设计图示数量，以"套"为计量单位。大小便槽自动冲洗水箱制作不分规格，以"kg"为计量单位。

八、小便槽冲洗管制作与安装按设计图示长度以"m"为计量单位，不扣除管件所占的长度。

九、感应式冲水器安装以"组"为计量单位。

十、水龙头安装以"个"为计量单位。

十一、地漏、地面扫除口安装以"个"为计量单位。

6.2.2 案例工程排水工程计量

1. 构件分类

在【晨曦 BIM 安装】中点击【构件分类】确定，案例项目中给排水专业管道构件均已分类为所对应的算量类型。如图 6-10、图 6-11 所示。

图 6-10 构件分类

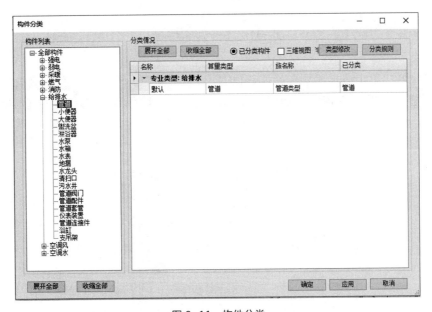

图 6-11 构件分类

2. 系统回路、回路拾取

由此可知，晨曦 BIM 安装算量软件已将管道构件根据设置默认分类为"给排水 - 管道"。点击【确定】退出构件分类后，根据案例工程说明，给水管管径 ≥ DN80 采用球墨铸铁管，橡胶圈接口。管径 <DN80 采用钢塑管，螺纹接口，点击【系统回路】如图 6-12，选择【水暖工程】设置信息如图 6-13 所示。

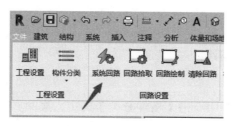

图 6-12　系统回路

图 6-13　水暖工程

点击功能工具栏【系统回路】，弹出【专业系统操作】窗口，选择左边菜单栏【水暖工程】选项。

在左侧窗口单击选择需要创建回路的系统。然后点击【新增】，在右侧窗口自动生成其相对应的回路。设置完专业回路（给水），点击【关闭】，即可通过【回路拾取】定义构件回路，如图 6-14 所示，构件回路定义完成如图 6-15 所示。

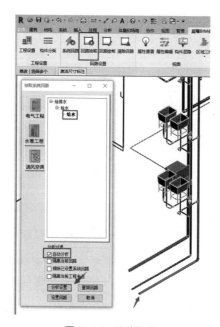

图 6-14　回路拾取

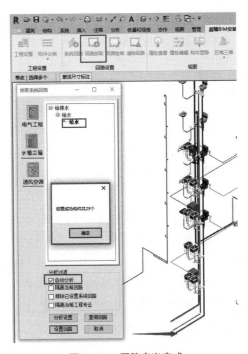

图 6-15　回路定义完成

3. 构件查量

完成该管道系统回路定义完后，点击【晨曦 BIM 安装】选项卡【构件查量】可查看给水管工程量，如图 6-16 所示。

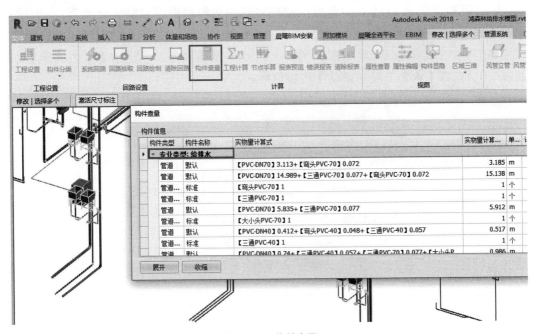

图 6-16　构件查量

6.3 消防工程计量

6.3.1 案例工程消防计算说明

根据案例工程给排水设计总说明第八条（消防给水设计）可知，本工程室内消火栓给水入户管处压力为 0.50MPa。消防管采用内外壁热浸镀锌普通焊接钢管，DN ≤ 50mm 丝扣接口；DN > 50mm 沟槽式连接。消防系统中使用的阀门采用带明显启闭标识的明杆型阀。消防给水管按 0.002 的坡度坡向立管。消火栓支管离地800mm。

消防工程计量构件包含：蝶阀、室内消火栓（单出口）、消防增压稳压设备、流量开关（设置阀门锁箱）、压力表、试验消火栓、18T 不锈钢消防水箱。

由《福建省房屋建筑与装饰工程预算定额（说明与计算规则）》（2017 版）– 安装定额第九册消防工程 – 第一章 水灭火系统可得：消防管道安装工程量均按设计管道中心线长度，以"m"为计量单位，不扣除阀门、管件、附件（包括器具组成）及并类所占的长度。其余构件均以"个"为计量单位。

6.3.2 案例工程消防计算计量

1. 构件分类

选择【晨曦 BIM 安装】选项卡，点击【构件分类】，确定案例模型的构件（消防）分类相对应的算量类型，如图 6-17、图 6-18 所示。

2. 系统回路、回路拾取

由此可知，晨曦 BIM 安装算量软件已将管道构件根据设置默认分类为"消防"。点击【确定】退出构件分类后，根据案例工程说明，消防管采用内外壁热浸镀锌普通焊接钢管，DN ≤ 50mm 丝扣接口；DN > 50mm 沟槽式连接。点击【系统回路】如图 6-19，选择【水暖工程 – 消防】设置信息如图 6-20 所示。

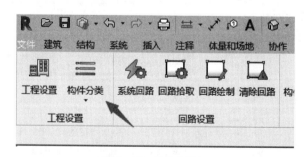

图 6-17　构件分类 1

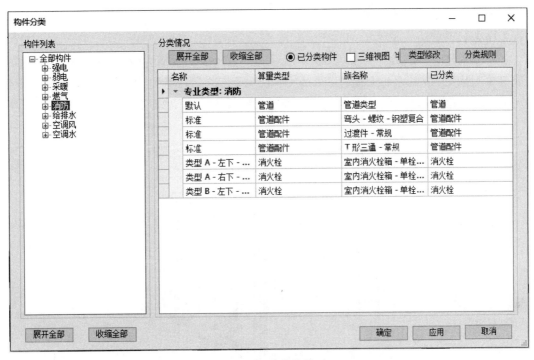

图 6-18　构件分类 2

图 6-19　系统回路

图 6-20　水暖工程 - 消防

点击功能工具栏【系统回路】，弹出【专业系统操作】窗口，选择左边菜单栏【水暖工程】选项。

在左侧窗口单击选择需要创建回路的系统。然后点击【新增】，在右侧窗口自动生成其相对应的回路。设置完专业回路（消防），点击【关闭】，即可通过【回路拾取】定义构件回路如图 6-21 所示，构件回路定义完成如图 6-22 所示。

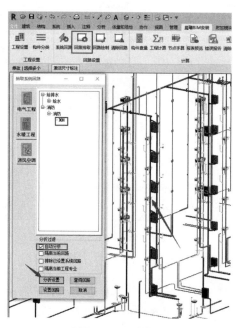

图 6-21　回路拾取

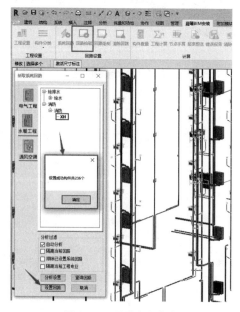

图 6-22　回路定义完成

3.构件查量

该消防管道系统回路定义完后，点击【晨曦 BIM 安装】的选项卡【构件查量】可查看消防管工程量，如图 6-23 所示。

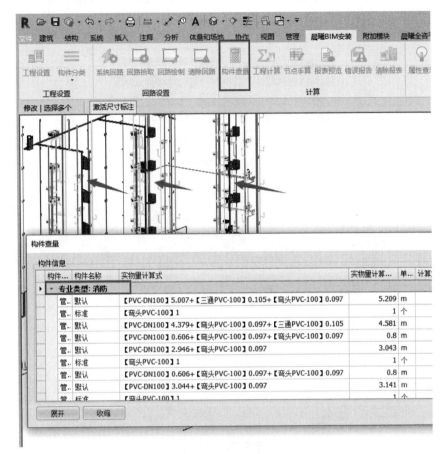

图 6-23　构件查量

6.4　通风与空调工程计量

6.4.1　案例工程通风与空调计算说明

通风与空调工程计量构件包含：风机、散流器、电动调节阀、排风机、空调机组等。由《福建省房屋建筑与装饰工程预算定额（说明与计算规则）》（2017 版）- 安装定额第七册 通风空调工程 - 第一章 ~ 第三章可得通风与空调工程计算规则如下所示：

一、薄钢板风管、净化风管、不锈钢风管、铝板风管、塑料风管、玻璃钢风管、复合型风管按设计图示规格以展开面积计算，以"m²"为计量单位。不扣除检查孔、测定孔、送风口、吸风口等所占面积。风管展开面积不计算风管、管口重叠部分面积。

二、柔性软风管安装按设计图示中心线长度计算，以"m"为计量单位。

三、其余机械设备按设计图示数量计算，以"台"为计量单位……

6.4.2 案例工程通风与空调计算计量

1. 构件分类

选择【晨曦 BIM 安装】选项卡，点击【构件分类】，确定案例模型的构件分类相对应的算量类型，即构件分类成功，如图 6-24~ 图 6-26 所示。

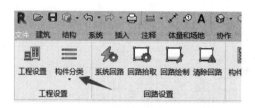

图 6-24　构件分类

图 6-25　空调风

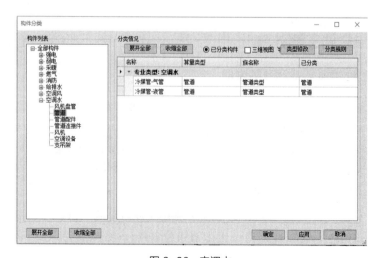

图 6-26　空调水

2. 系统回路

点击【晨曦 BIM 安装】选项卡,点击—【系统回路】点击—【通风空调】点击—【新建节点】点击—【新建回路】,例如案例工程说明,空调风送风材质为镀锌钢板,中压,界面如图 6-27 所示。案例工程空调水冷凝水材质为镀锌钢板,中压,图 6-28 所示,新建成功后点击【关闭】即可。

图 6-27　空调风

图 6-28　空调水

3. 回路拾取

设置完专业回路,点击【关闭】,即可通过【回路拾取】定义构件回路,如图 6-29 所示。空调冷凝水如图 6-30 所示。

4. 构件查量

完成该系统回路定义完后,点击【晨曦 BIM 安装】的选项卡【构件查量】便可查看该专业系统工程量,空调风如图 6-31 所示,空调冷凝水如图 6-32 所示。

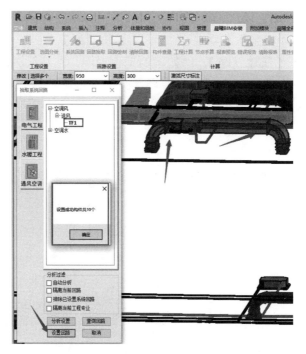

图 6-29　空调风

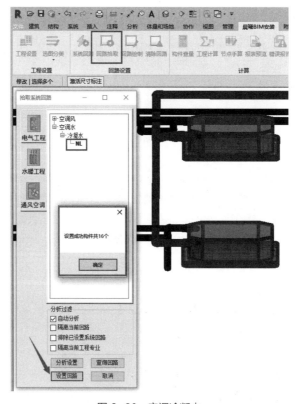

图 6-30　空调冷凝水

图 6-31　空调风

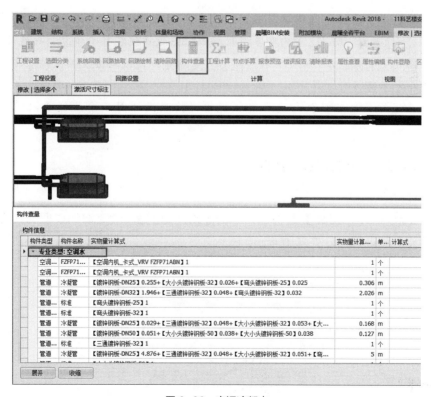

图 6-32　空调冷凝水

6.5 电气工程计量

6.5.1 案例工程电气工程计量计算说明

根据案例工程电气设计总说明第七条（线路敷设）、第八条（设备安装）可定义设备的安装高度以及配电线路的管材选择和敷设方式。电气工程计量构件包含：灯具、开关、插座、桥架、配管配线等。

由《福建省房屋建筑与装饰工程预算定额（说明与计算规则）》（2017 版）－安装定额第四册电气设备安装工程－第十二章～第十四章可得电气工程计算规则如下所示：

一、配管敷设根据配管材质与直径，区别敷设位置、敷设方式，按照设计图示安装数量以"m"为计量单位。计算长度时，不计算安装消耗量，不扣除管路中间的接线箱、接线盒、灯头盒、开关盒、插座盒、管件等所占长度。

二、金属软管敷设根据金属管直径及每根长度，按照设计图示安装数量"m"为计量单位。计算长度时，不计算安装损耗量。

三、线槽敷设根据线槽材质与规格，按照设计图示安装数量以"m"为计量单位。计算长度时，不计算安装损耗量，不扣除管路中间的接线箱。接线盒、灯头盒、插座盒、管件等所占长度。

四、管内穿线根据导线材质与截面面积，区别照明线与动力线，按照设计图示安装数量以"m"为计量单位；管内穿多芯软导线根据软导线芯数与单芯软导线截面面积，按照设计图示安装数量以"m"为计量单位。管内穿线的线路分支接头线长度已综合考虑在定额中，不得另行计算。

五、普通灯具安装根据灯具种类、规格，按照设计图示安装数量以"套"为计量单位。

6.5.2 案例工程电气工程计算计量

1. 构件分类

选择【晨曦 BIM 安装】选项卡，点击【构件分类】，确定案例模型的构件分类相对应的算量类型，构件分类如图 6-33 所示。

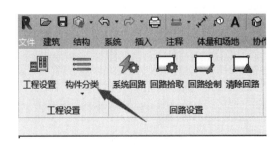

图 6-33 构件分类（一）

图 6-33　构件分类（二）

2. 系统回路

操作步骤：点击功能工具栏【系统回路】，弹出【专业系统操作】窗口，选择左边菜单栏【电气工程】选项。

（1）新建系统

菜单栏选择【强电】或【弱电】，点击上方菜单栏【增】，完成主箱创建。

（2）编辑系统

右键可对主箱进行复制、删除和重命名。复制时会把主箱中已有的回路复制到新的主箱中。

（3）创建回路

右侧回路默认信息栏，可以设置相关属性，新建出的回路会以此为模板。选中主箱，单击下方【新建回路】，创建一条回路信息，单击可对回路编号进行修改。根据图配电系统表编辑系统回路信息，将回路编号、导线规格、导线根数、配管规格以及敷设方式等分别进行修改。例如案例工程强电配线规格为 BV-2.5 配线规格为 3 根，敷设方式为 CC 沿顶板暗敷，系统回路电气工程如图 6-34 所示。

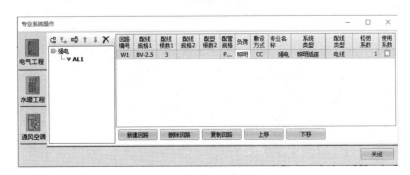

图 6-34　系统回路电气工程

3.回路拾取

操作步骤：在功能工具栏点击【回路拾取】，打开拾取系统回路窗口，左侧菜单栏为【电气工程】，鼠标左键选择相应的专业选项，右边列出在系统回路功能中添加的回路项目，选择对应的回路编号。电气工程如图 6-35 所示。

图 6-35　电气工程

4.构件查量

该系统回路定义完后，点击【晨曦 BIM 安装】的选项卡【构件查量】便可查看该系统工程量，强电如图 6-36 所示。

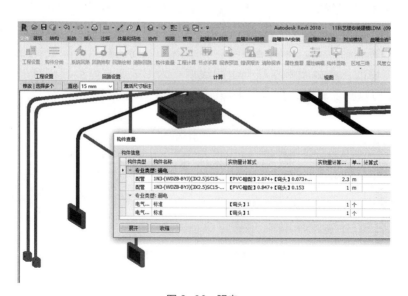

图 6-36　强电

6.6　安装工程量及报表输出

1. 工程计算

点击工具栏的【工程计算】→ 弹出如图 6-37 所示窗口 → 勾选楼层和构件，点击【计算】，软件开始将构件进行计算出量。

图 6-37　工程计算

2. 报表预览

点击报表预览，弹出报表窗口，如图 6-38 所示：

（1）专业类型：选择不同的专业，查看不同专业的工程量报表。

（2）工具栏：针对报表刷新，导出 Excel，导出晨曦计价，按楼层显示进行快捷操作。

（3）功能菜单栏：可对工程项目进行编辑和操作。

（4）查看方式：可选择工程量目录的汇总方式。

（5）报表反查：显示构成当前报表记录行的工程量数据列表，双击"报表反查（双击核查数据）"节点或其所辖的数据节点可跳转到绘制工作界面，并定位至构成该节点工程量的所有构件对象，构件以选中状态显示。

（6）构件属性：显示报表当前行所属构件的属性信息。

（7）工程量汇总：已计算的构件自动在此窗口中汇总。

3. 实物量

实物量报表中，以系统回路为分类方式或按专业类型，列出构件的工程量数据。

（1）查看方式

查看方式区域会列出构件的目录，可以按系统和按构件名称分类，通过点击节点，报表中会跳转并以高亮显示对应查找结果。也可以通过手动输入名称和按快速查找节点。

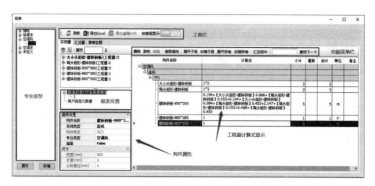

图 6-38　报表预览

（2）报表反查

报表反查功能可以快速查找到计算式对应的构件模型，方便构件工程量的检查。

在工程量汇总区的数据表格中，选择一个数据行，在报表反查的窗口内会显示出该计算式中的各个数值。双击节点或其所辖的数据节点可跳转到绘制工作界面，并定位至构成该节点工程量的所有构件对象，并以选中状态显示，如图 6-39 所示。

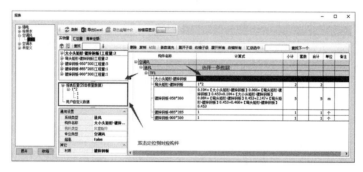

图 6-39　实物量

4. 汇总量

汇总量报表中针对实物量进行汇总，通过拖动列标题到上方区域，可以根据该列进行分组汇总量。拖回原位则可还原。如图 6-40 所示。

图 6-40　汇总量

5. 清单定额

点击清单定额选项卡，可以查看构件清单定额报表。软件会根据关键字，自动套取清单定额，也提供了清单定额导航功能，可以手动进行增加或替换。

操作步骤：选择要修改的清单，在清单定额导航库中选择相应的清单，双击进行替换；同样选择要修改的定额，在清单定额导航库中选择相应的定额，双击进行替换或增加。如图 6-41 所示。

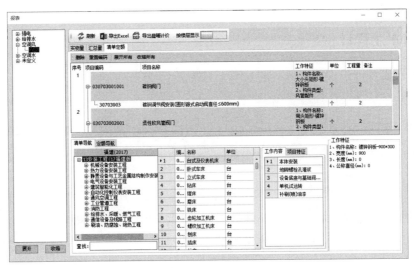

图 6-41　清单定额

6. 工程导出

点击报表预览工具栏，弹出【导出 Excel】可以导出报表的 Excel 表格；点击【导出晨曦计价】可以将数据导成计价文件并可以在计价软件中打开使用，如图 6-42 所示。

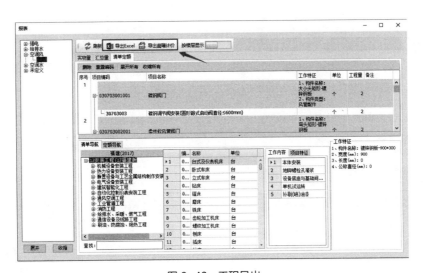

图 6-42　工程导出

第7章 BIM工程计价

7.1 BIM工程计价概述

7.1.1 案例工程计价说明

1.晨曦BIM计价软件特点说明

晨曦BIM计价是全新的计价平台，结合BIM、云计算、大数据等信息技术，兼容晨曦17版算量格式（.cxgc）、福建通用导则格式（.xml）、Excel文件等常用算量和计价数据。

支持全国概算、预算、结算、审核全过程造价业务应用。

BIM应用：无缝衔接晨曦BIM算量，利用BIM技术实现自动换算，智能组价。

云服务：基于云计算海量造价数据积累，提供智能分析、云检查等应用，让造价更精准高效。

全新体验：全新的撤销重做，一键取消取费、快速调标等功能，造价编制更加便捷。

移动办公：手机APP随时掌握工程造价信息，实现工程数据的审阅和追溯。

软件主界面主要包含文件、系统维护、工具、帮助、在线升级，如图7-1所示，表格设置如图7-2所示。

图7-1 主界面

图7-2 表格设置

2. 晨曦 BIM 计价操作流程

新建工程文件→工程概况→计价依据→编制说明→取费设置→分部分项设置→单价措施设置→总价措施费设置→其他费设置→材料汇总→造价汇总→打印→造价指标

具体步骤如图 7-3 所示。

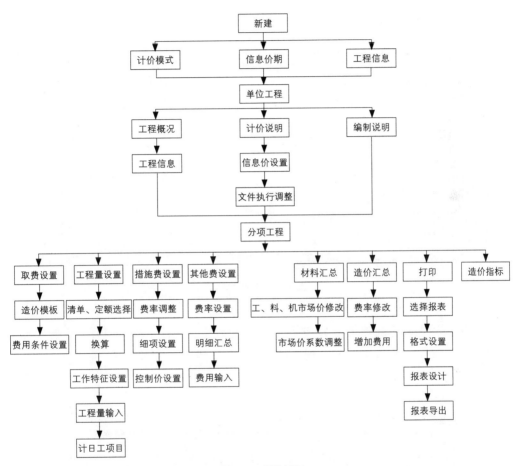

图 7-3 操作流程

7.1.2 单位工程计价设置

1. 工程文件创建

双击桌面【晨曦工程计价 2017】软件图标，打开【工程台账】界面，如图 7-4 所示。

说明：

①专业：根据工程属性选择相应的专业进行新建。

②工程列表：列出当前专业的所有工程文件。

工具栏：工程文件管理工具，包括新建、删除、恢复、导入导出工程源文件等功能；点击【属性】，可以对工程名称以及工程编号进行修改，点击【恢复】可以将工程文件恢复到对应时间点的状态（软件可设置每间隔 10min 进行文件备份）。

③系统文件夹：根据工程专业对工程进行分类管理，显示当前专业的所有工程文件；点击【新建】功能，增加自定义文件夹，对工程进行自定义管理。

④搜索：当工程文件较多，您可以在查找框内输入工程名称的关键字来进行搜索。

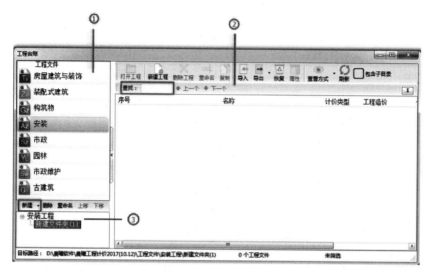

图 7-4　工程台账

点击工具栏中的【新建工程】，进行新工程的属性设置，如图 7-5 所示。计价模式分清单计价与定额计价，本案例工程采用清单计价、预算（编制）。

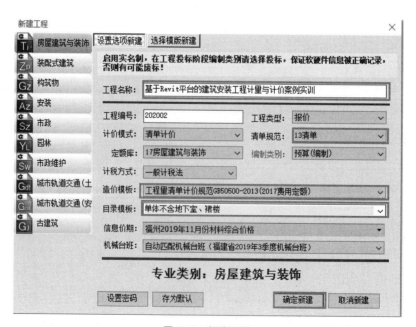

图 7-5　新建工程

工程模式切换，分"投标报价模式""招标模式""其他"，如图 7-6 所示。注意，选择非投标模式不能进行实名制的投标报价。

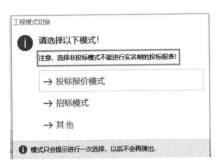

图 7-6　工程模式

调整工程目录，工程目录分为三级节点：单项工程（绿色）、单位工程（橙色）、分项工程（蓝色），单击鼠标右键可对工程的目录进行各种调整，如图 7-7 所示，对于非备案造价文件，可右键选择"删除"功能，删除软件默认的单位工程，并通过"新增单位工程"简化分项工程目录。

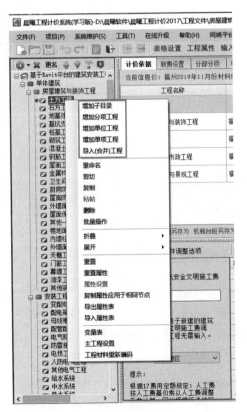

图 7-7　工程目录

2. 工程概况

点击【单位工程】在【工程概况】中输入工程项目相关的信息，如图 7-8 所示。

图 7-8　工程概况

3. 编制说明

点击【单位工程】在【编制说明】中输入工程项目相关的信息，如图 7-9 所示。通常通过"使用模板"，导入对应的编制说明模板，也可根据需要进行修改调整，保存为私有模板。

图 7-9　编制说明

4. 计价依据

信息价可通过在线升级，选择需要的地区、时间的信息价，双击进行下载，并更换信息价，如图 7-10、图 7-11 所示。本案例工程选择的信息价为福州 2019 年 11 月份材料综合价格与福建省 2019 年 3 季度机械台班。

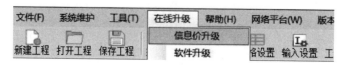

图 7-10　信息价下载

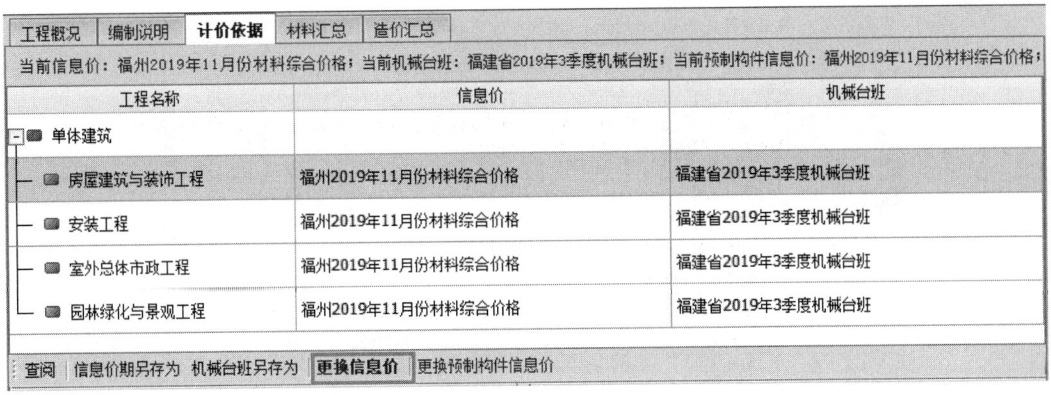

工程名称	信息价	机械台班
单体建筑		
房屋建筑与装饰工程	福州2019年11月份材料综合价格	福建省2019年3季度机械台班
安装工程	福州2019年11月份材料综合价格	福建省2019年3季度机械台班
室外总体市政工程	福州2019年11月份材料综合价格	福建省2019年3季度机械台班
园林绿化与景观工程	福州2019年11月份材料综合价格	福建省2019年3季度机械台班

图7-11 信息价更换

造价管理部门会根据实际需要对预算定额、费用定额和其他相关的执行文件进行调整，如图7-12所示。点击【执行最新文件调整】，软件会自动执行现行最新的文件，也可以手动勾选。双击【说明】可以查看详细的文件内容。

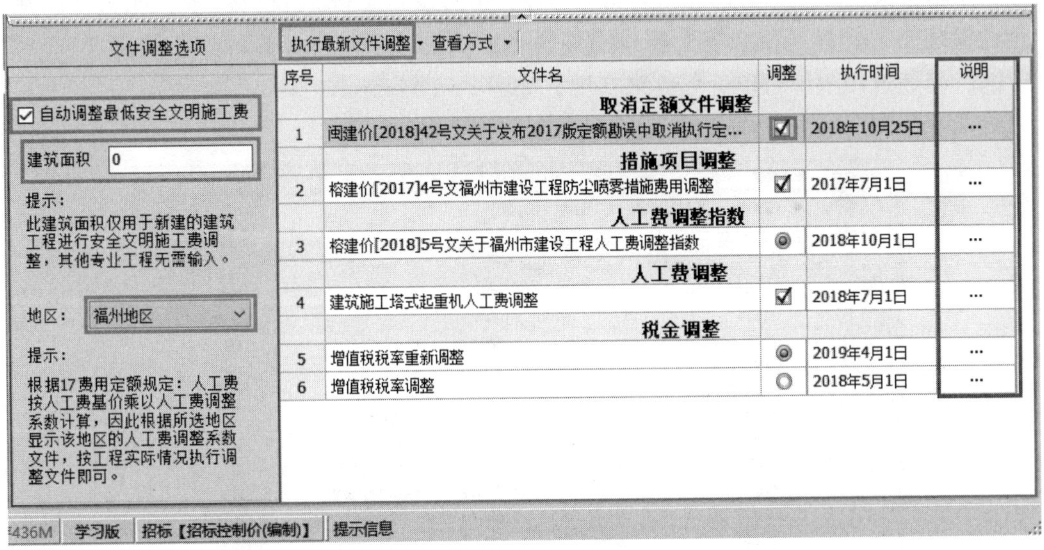

图7-12 文件执行调整

7.1.3 分项工程取费设置

1. 造价模板选择

可以根据分项工程的实际情况选择所需要的造价模板，如图7-13所示。

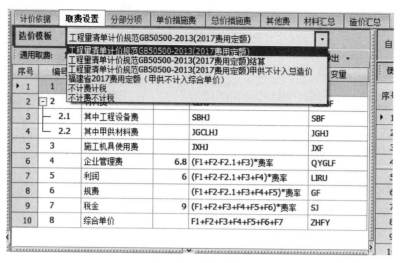

图 7-13 造价模板

2. 综合单价计算程序修改

福建省采用的是全费用综合单价，即综合单价由人工费、材料费、施工机具使用费、企业管理费、利润、税金等七要素组成，当默认的综合单价计算程序不能满足实际需要时，可通过修改综合单价程序来实现，如图 7-14 所示。

序号	编号		名称	费率%	计算式	变量
1	1		人工费		RGHJ	RGF
2	2		材料费		CLHJ	CLSBF
3		2.1	其中工程设备费		SBHJ	SBF
4		2.2	其中甲供材料费		JGCLHJ	JGHJ
5	3		施工机具使用费		JXHJ	JXF
6	4		企业管理费	6.8	(F1+F2-F2.1+F3)*费率	QYGLF
7	5		利润	6	(F1+F2-F2.1+F3+F4)*费率	LIRU
8	6		规费		(F1+F2-F2.1+F3+F4+F5)*费率	GF
9	7		税金	11	(F1+F2+F3+F4+F5+F6)*费率	SJ
10	9		下浮	10	(F1+F2+F3+F4+F5+F6+F7)*费率	BL1
11	8		综合单价		F1+F2+F3+F4+F5+F6+F7-F9	ZHFY

图 7-14 综合单价程序

（1）在需要的位置插入费用项（图 7-14 中的第 9 项）。

（2）设置该费用的信息，如：编号、名称、费率、计算式和变量等信息（建议使用软件自动生成的变量）。

（3）修改综合单价的计算式：将增加的费用计入综合单价。

★ 注意：计算式输入的式子不能直接用当前费用项的变量名称。

（4）费率修改：计算程序中的管理费、利润、税金等根据费用条件生成的费率不能直接在计算程序修改，需要在界面右边的费用定额中做修改。自定义增补的费用，费率可以直接在计算程序直接修改。

（5）综合单价计算程序将应用到当前分项的所有项目（独立取费项目除外）。

3. 费用条件设置

根据工程实际情况，选择相对应的费用条件。

【统一设置】

批量对费用定额规定的各项费用进行取费和调整（包含：管理费、利润、各项措施费、规费和税金等），如图 7-15 所示。

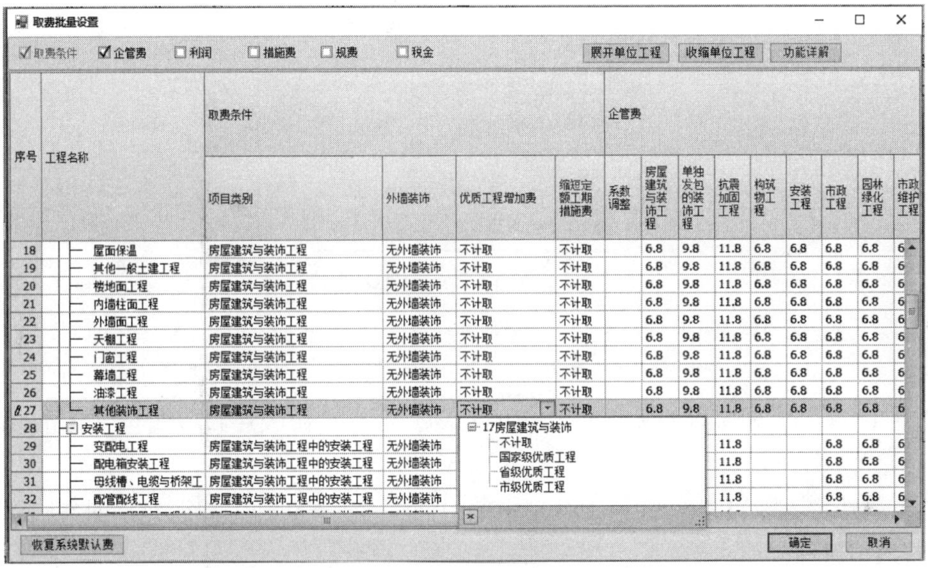

图 7-15　取费批量设置

（1）取费条件和各项费用

根据所勾选的费用，在界面下方显示出相应的费率。

（2）工程节点目录

当前工程的节点目录。节点较多时，可以使用【展开】【收缩】功能，以便调整。

（3）取费调整

根据应用范围对应的节点进行取费调整，例如：下拉选择或直接输入修改费率。

4. 管理费、利润设置

取费条件设置完成后，可在界面右侧生成的相应的费率表。表中的费率可直接在【费率（％）】列中进行修改，也可通过【％ 费率调整】进行批量修改，在【％ 费率调整】中输入固定值或百分比，点击【固定费率】或【％ 费率调整】来完成管理费的批量调整；还可设置管理费和利润费率的小数位，如图 7-16 所示。

点击【应用于本单位工程】将所设置的管理费和利润应用到整个单位工程中。

点击【使用系统费率】将所有费率恢复成系统费率。

图 7-16　费率调整

注：

【费率（%）】列可以修改各项费用的费率，费率被修改后将以黄色字体加以区分显示；

【系统费率（%）】中的数值为费用定额中规定的费率，作为修改费率时参照用，不能对其进行修改。

7.2　工程清单和定额编制

7.2.1　BIM 算量成果文件导入

1. Excel 工程量导入

在"一般土建"分项工程目录下分部分项界面表格空白处，鼠标右键选择【Excel导入】（图 7-17），可以将 BIM 建筑工程的"分部清单工程量（含定额）""措施清单工程量（含定额）"（图 7-18）这两份算量成果 Excel 文件的数据信息导入到工程中来（图 7-19）。

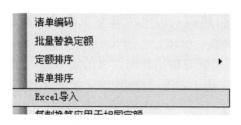

图 7-17　Excel 导入

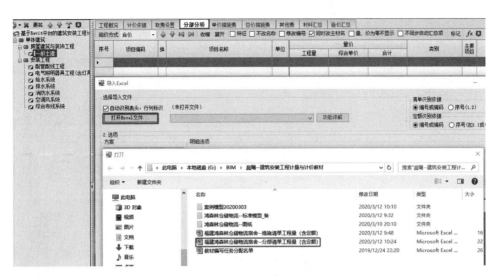

图 7-18 选择导入的文件

图 7-19 导入设置

选择上表中的未识别项，双击，将标识改为分项工程，点击【确定】，就自动生成相应的 3 个分部分项目录。

用同样的方法导入"措施清单工程量（含定额）"文件的数据信息（图 7-20、图 7-21）。

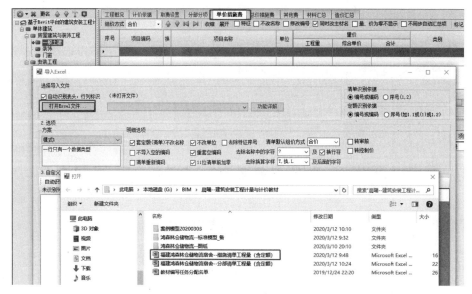

图 7-20　导入单项措施项目文件

图 7-21　导入设置

（1）打开 Excel 文件、选择 Excel 文件；

（2）选择要导入的 Excel 工作表页面（计价表或分析表）；

（3）选择数据导入类型，根据需求选择导入类型为控制价或审核；

（4）设置清单/定额识别依据，软件则通过设置的识别依据识别项目；对补充清单/定额或闽补清单等不能识别的项目，可手动设置项目类别为清单或定额（图 7-22）；

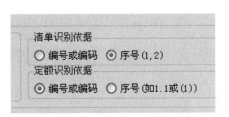

图 7-22 手动设置项目类别

（5）设置节点目录（也可以忽略设置）点击【按选定目录匹配导入】；节点目录设置后，软件将自动生成 Excel 文件中的节点目录（图 7-23）；

图 7-23 Excel 导入选项

待选目录中设置单项、单位节点，余下的目录默认批量设置为分项工程；清单项目自动跟随分项生成（图 7-24）；

图 7-24 生成目录向导

（6）如果不需要生成节点目录，导入 Excel 确定后关闭【生成目录向导】即可（图 7-25）；

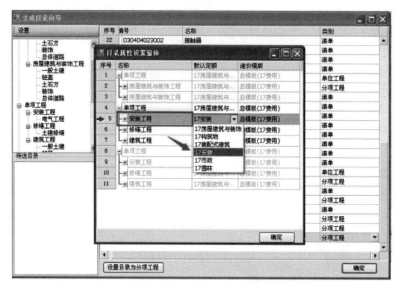

图 7-25　生成目录向导

（7）目录属性设置窗体中，确认设置生成的单位节点的专业属性及配套模板；

（8）确定后，软件将自动生成清单项目（含清单五个特性）、定额项目（如果有）、节点目录，减少套定额及划分节点目录的工作。

BIM 安装工程算量成果 Excel 文件导入方法同 BIM 土建工程，注意安装工程工程报表有多张工作表页面，导入时要注意目录的对应关系。

2. XML 计价文件导入

在【工程台账】界面上选择"房屋建筑与装饰"专业，点击【导入】功能将 BIM 建筑算量成果 .XML 计价文件的数据导入（图 7-26）。

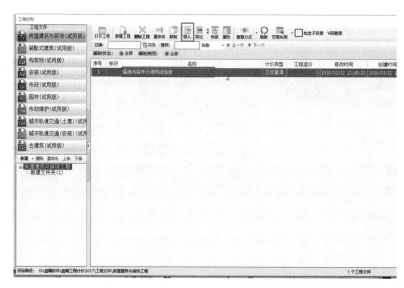

图 7-26　XML 文件导入

图 7-27　选择导入的 XML 文件

双击文件名称打开（图 7-27），进而同新建工程一样进行工程设置、工程概况、编制说明、计价依据、取费设置等相关内容的设定（图 7-28）生成晨曦房屋建筑与装饰工程文件（.cxjz）。

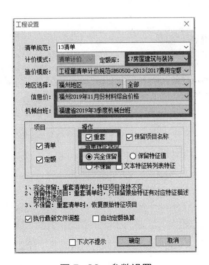

图 7-28　参数设置

同理，【工程台账】界面上选择"安装"专业，点击【导入】功能将 BIM 安装工程 .XML 计价文件导入、设置，注意选择定额库为"17 安装"，生成晨曦安装工程文件（.cxaz）。

通过前述 .xml 计价文件导入，分别生成两个专业的计价工程文件：晨曦 2017 房屋建筑与装饰工程文件（.cxjz）与晨曦 2017 安装工程文件（.cxaz）。这时需要将晨曦安装工程文件（.cxaz）合并到晨曦房屋建筑与装饰工程文件（.cxjz）中去。

首先打开 .cxjz 文件，在工程目录处单击右键，选择"导入（合并）工程"功能，选择安装工程文件，勾选安装工程，实现将 .cxaz 合并到 .cxjz 文件中去，注意选对单项工程目录（图 7-29、图 7-30）。

图 7-29　选择要导入的晨曦安装工程文件

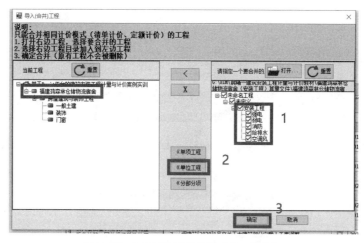

图 7-30　导入到对应的晨曦建筑工程文件

灵活运用导入 .XML 计价文件与 Excel 表格两种方式，可将 BIM 建筑工程与 BIM 安装工程的算量软件成果文件应用到计价软件中。

而对于 BIM 钢筋工程的算量成果文件"钢筋级别用量表 .excel"与"钢筋接头汇总表 .excel"，则是在晨曦 2017 房屋建筑与装饰工程文件（.cxjz）中，直接输入钢筋工程对应的清单项目及定额项目。

7.2.2　工程清单编制

案例工程中的桩基工程、钢筋工程通常是要在计价工程文件中直接增加工程量清单。工程量清单包含项目编码、项目名称、项目特征、计量单位、工程量。其中项目特征描述尤为重要，是项目单位进行组价的重要依据，描述时必须依据图纸内容及设计要求进行。

1. 清单项目输入

清单项目可以通过在【项目编号】中直接输入清单编号进行调用，也可以通过在【属性编辑区】选择【清单导航】选项卡来调用出该清单的相关信息（项目名称、单位、工作特征和清单指引等）（图 7-31）。

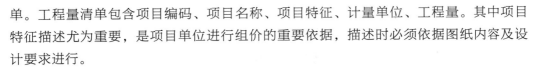

图 7-31　清单导航

当现有的清单项目满足不了编制的要求，就需要补充新的清单项目，插入空的清单项目行，直接录入清单项目的编码、名称、单位等信息，注意补充清单的编码相关规定，如 01B001 为房屋建筑与装饰工程专业，03B001 为安装工程专业（图 7-32）。

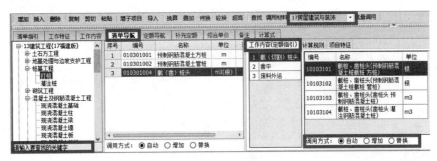

图 7-32　补充清单

2. 项目工作特征描述

点击分部分项界面工具栏中的【工作特征】，项目工作特征分为【列表特征】和【文本特征】两种操作模式，系统默认为【列表特征】。还可以通过选择需要的清单项目，单击鼠标右键选择【转化】—【定额项目转为项目特征】，在弹出窗口中选择应用范围后点击【确定】，即将定额名称转为清单项目的特征（图 7-33）。

图 7-33　项目特征转化

3. 清单工程量输入

在分部分项界面的【工程量】列可以直接输入需要的数值。

点击分部分项界面工具栏中的【计算式】，输入工程量的详细计算式，计算式允许输入多段计算式，勾选是否累加，默认勾选的计算式将进行累加数值并更新至项目工程量中（图 7-34）。计算式的计算过程会一直被保存，随时可以通过打开计算式编辑器来查看。

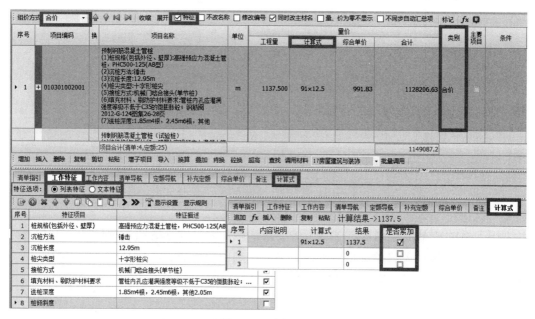

图 7-34　清单编制

7.2.3　清单项目单价

按照房屋建筑与装饰、安装单位工程组价特点，在清单项目下进行组价。清单项目下的组价定额子项是由完成清单项目的工作内容所决定的。

由于安装工程需要补充大量设备及主材，所以必须提供设备、主材价格，如配电箱、分线箱、分配箱、前端箱、控制柜、消火栓箱、电缆、塑料管材、管件、卫生器具、灯具、开关等。

1. 清单项目组价

【综合单价】中可查看到构成清单项目综合单价的各项费用的详细数据（图 7-35）。

清单项目的组价方式分为合价、单价和议价，合价组价方式最常使用。采用合价或单价组价方式时，清单项目的综合单价由系统从定额子项汇总计算得出，不能对其做任何修改。只有将组价方式改成议价方可直接修改清单项目的综合单价。

合价组价：清单项目的合计等于定额项目合计的汇总，合价组价下定额的工程量为完成清单项目全部数量所需的工程量。

序号	编号	名称	费率%	合价	计算式	变量
1	1	人工费		67.15	RGHJ	RGF
2	2	材料费		715.74	CLHJ	CLSBF
3	2.1	其中工程设备费			SBHJ	SBF
4	2.2	其中甲供材料费			JGCLHJ	JGHJ
5	3	施工机具使用费		20.87	JXHJ	JXF
6	4	企业管理费		54.65	(F1+F2-F2.1+F3)*费率	QYGLF
7	5	利润		51.51	(F1+F2-F2.1+F3+F4)*费率	LIRU
8	6	规费			(F1+F2-F2.1+F3+F4+F5)*...	GF
9	7	税金		81.9	(F1+F2+F3+F4+F5+F6)*费率	SJ
10	8	综合单价		991.83	F1+F2+F3+F4+F5+F6+F7	ZHFY

图 7-35　综合单价

单价组价：清单项目的单价等于定额项目合计的汇总。单价组价下定额的工程量为完成清单项目 1 个单位所需的工程量。

议价组价：清单的金额不由定额项目汇总得出，可以自行输入清单单价。

在工具栏的【组价方式】下拉选项选择组价方式，在弹出确认窗口点击【是】或【否】，即可完成组价方式批量转换。在每条清单项目的【类别】中可以单独修改组价方式，下拉选择即可。

2. 定额项目输入

当编制的工程为清单计价时，可以通过【清单指引】来完成组价定额项目的调用（图 7-36）。

图 7-36　清单指引

在分部分项界面中选择一条清单项目后，点击【属性编辑区】的【清单指引】，在左边选择①【工作内容】，在右边会列出该工作内容所对应的②【定额项目】，双击需要的定额项目即可完成该定额的调用。

（1）直接输入

在清单项目下一行输入定额编码，如 10105021，软件自动根据定额编码调用出定额名称、单位、消耗量组成等定额信息。在输入定额编码时，可以只输入后面 5 位章节和顺序码，如输入 05021，软件自动补上当前的专业码。选择清单项目后点击【增子项目】或按下小键盘上面的"+"都可以增加出清单项目子项。

（2）导航调用

在【属性编辑区】选择【定额导航】选项卡进入图 7-37 界面。

图 7-37　定额导航

定额节点调用：选择需要的章节后，定额项目列表会显示出该章节所包含的定额项目，双击需要的定额项目即可完成定额项目的调用。

查找栏调用：通过【查找】，快速完成项目调用。在【查找】编辑框输入需要查找的关键字，定额列表会显示出相关的项目。输入多个关键字可以大大提高项目查找速度，多个关键字间用半角逗号隔开。

3. 补充定额

当标准定额无法满足实际需要时，可以自行补充定额：在项目编号输入补充定额的编号（非标准定额），系统自动弹出补充定额窗口（图 7-38）。

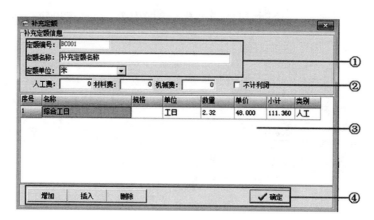

图 7-38　补充定额

（1）完成定额名称、单位等基本信息录入；

（2）定额消耗量详细量输入；

（3）定额消耗量详细构成；

（4）定额消耗量维护工具栏。

如果想在其他工程中继续调用该项目，可以选择补充定额单击鼠标右键选择【保存至补充定额】将定额保存到补充定额库中。

补充定额还可以在【系统维护】中选择【用户补充定额】进行添加（图 7-39）。

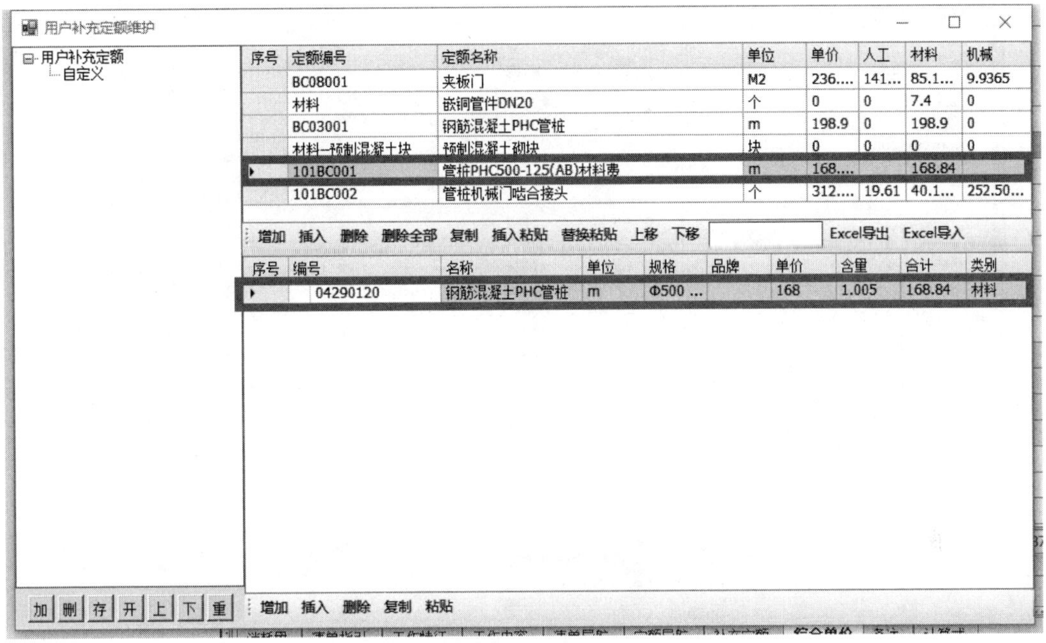

图 7-39　管桩材料费

4. 定额消耗量管理

消耗量作为定额项目的重要组成部分，主要包含了构成定额单价的基本组成部分：人工、材料设备、施工机具使用费等详细信息。

选择定额后，点击【属性编辑区】的消耗量选显卡即可进入【消耗量】界面（图 7-40）。

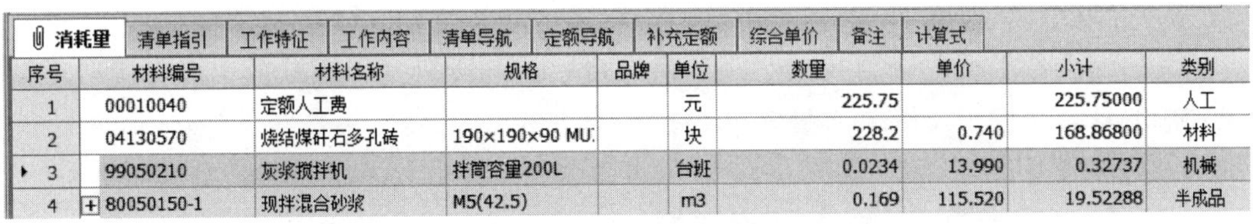

序号	材料编号	材料名称	规格	品牌	单位	数量	单价	小计	类别
1	00010040	定额人工费			元	225.75		225.75000	人工
2	04130570	烧结煤矸石多孔砖	190×190×90 MU		块	228.2	0.740	168.86800	材料
3	99050210	灰浆搅拌机	拌筒容量200L		台班	0.0234	13.990	0.32737	机械
4	80050150-1	现拌混合砂浆	M5(42.5)		m3	0.169	115.520	19.52288	半成品

图 7-40　定额消耗量

定额消耗量中的人工、材料设备、施工机具使用费等信息都是根据标准定额及其相关的配套文件进行编制的；在工程编制过程中可以根据实际情况对其进行调整。

（1）增加人材机

点击消耗量下的【增加】或【插入】，在【材料查询】查询选择需要的人材机后点击【确定】，即可调用到消耗量中（图 7-41），人材机调用后需要为其添加数量。

（2）修改人材机信息

人材机的名称、规格、品牌、单位、数量及单价等都可以在该界面中修改，所有的修改信息将保存到换算记录中；单价修改后可以选择不同的应用范围（图 7-42）。

图 7-41　材料查询

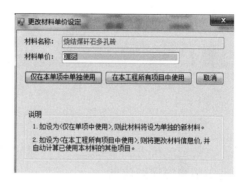

图 7-42　更改材料单价设定

5. 定额综合价组成

可在综合价组成中查看构成定额项目综合单价的所有费用组成，也可以单独对某条定额的计算过程进行修改（图 7-43）。

序号	编号	名称	费率%	合价	计算式	变量
1	1	人工费		225.75	RGHJ	RGF
2	2	材料费		188.39	CLHJ	CLSBF
3	2.1	其中工程设备费			SBHJ	SBF
4	2.2	其中甲供材料费			JGCLHJ	JGHJ
5	3	施工机具使用费		0.33	JXHJ	JXF
6	4	企业管理费	6.8	28.18	(F1+F2-F2.1+F3)*费率	QYGLF
7	5	利润	6	26.56	(F1+F2-F2.1+F3+F4)*费率	LIRU
8	6	规费			(F1+F2-F2.1+F3+F4+F5)*...	GF
9	7	税金	11	51.61	(F1+F2+F3+F4+F5+F6)*费率	SJ
10	8	综合价		520.82	F1+F2+F3+F4+F5+F6+F7	ZHFY

图 7-43　定额综合单价

①可以通过综合价组成的工具栏对各项费用项目进行增、删、改和移动等操作；②在"费率 %"列可以修改各项费用的费率；③可以修改各项费用的计算式。

单独修改综合价组成后定额变成独立取费状态，定额编号的底色也以黄色显示加以区别，计算程序修改完成后，软件根据新的计算程序重新计算出工程造价。

独立取费的项目不会被取费设置里的综合单价计算程序和取费所影响。如果需要恢复成正常的计算程序和取费，点击【取消独立取费】即可（图 7-44）。

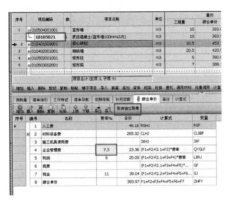

图 7-44　独立取费设置

7.2.4　定额换算

定额换算包括基本换算、肯定换算、智能叠加换算、混凝土 / 砂浆换算、超高换算和换算恢复等内容，点开【换算】可查看到该定额除超高换算以外其他所用的换算（表 7-1、图 7-45）。

表 7-1

定额换算适用条件

换算类型	按钮	换算说明
基本换算	【换算】	对定额项目的人材机的系数进行调整时，可同时选择多条项目进行块换算
肯定换算	【肯换】	在标准定额说明中，规定了在不同情况下需要对定额消耗量进行调整，多条同类型项目需要换算时，可以通过【批量换算】进行统一换算
智能叠加换算	【叠加】	快速完成项目的运距、厚度和高度等换算，换算完成后系统会自动修改定额项目名称
混凝土 / 砂浆换算	【砼换】	当砼及砂浆定额项目的默认配置不能满足实际需要，可进行砼类型、等级、水泥等级等进行修改
换算恢复		以上换算的详细内容和步骤都会记录在换算窗口，可通过点击【恢复】取消相应的换算
超高换算	【超高】	房屋与装饰工程定额规定当建筑物檐高超过 100m 时，要按规定计算高层建筑施工增加费（超高施工降效费）；点击相应定额项目的【条件】列或【超高】，进入到超高增加费换算窗口
	【条件】	安装工程定额规定不同册执行相应的超高施工加费。 点击相应定额项目的【条件】列，进入到超高增加费换算窗口

图 7-45　定额换算

7.2.5　复制与导入

1. 已有项目的复制

在分部分项界面选择需要复制的项目，点击【复制】，到需要的位置点击【粘贴】即可完成项目的复制（图 7-46）。

图 7-46　复制项目

在序号列，按住鼠标左键下拉或按住 Ctrl、Shift 点击可以选择多条项目；可以同时开启多个工程进行复制工作，复制项目后关闭工程，重新打开工程（所有工程）可以继续完成粘贴操作。

2. 导入其他工程数据

通过【导入】功能完成工程之间的数据复制，点击工具栏中的【导入】，打开需要复制的工程，选择项目后点击【确定复制】即可完成（图 7-47）。

图 7-47　导入其他工程数据

3. 复制换算应用于相同定额

把当前定额的换算记录及生成价应用到所选的定额。在分部分项界面，鼠标右键选择【复制换算应用于相同定额】（图 7-48）。

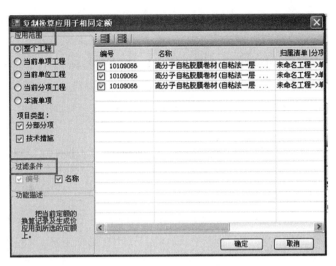

图 7-48　复制换算应用

（1）对其中一条定额（A）进行换算；

（2）选中已换算的定额（A）右键—复制换算应用于相同定额；

（3）根据编码、名称等匹配条件，选择换算应用范围进行批量换算；

（4）其他节点的相同定额的换算与原定额（A）的换算一致。

4. 复制定额应用于相同清单

把当前清单项目已经套用的子项，套用到其他相同清单项目下。在分部分项界面，鼠标右键选择【复制定额应用于相同清单】（图 7-49）。

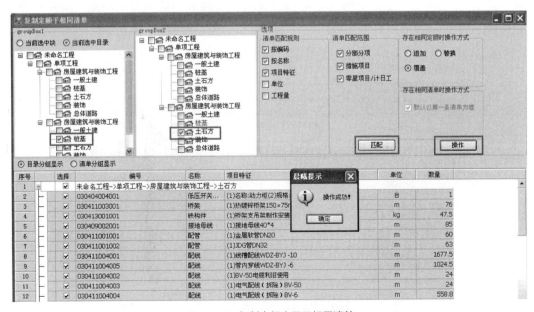

图 7-49　复制定额应用于相同清单

（1）选择已套好定额的清单节点，在分部分项界面右键【复制定额应用于相同清单】。

（2）当前选中块：针对选中的清单（可以单条或多条清单）；当前选中目录，针对所选目录所有清单下定额的操作。

groupBox1 指已套好定额的清单节点；groupBox2 指需要被应用的节点（手动勾选执行）。

（3）根据选项的清单匹配规则及范围选择，点击【匹配】进行匹配符合条件的清单。匹配后点击操作进行应用。

★关于追加、替换、覆盖的解释：

追加：目标清单在保留原有定额基础上追加模板清单新定额，定额项目量累加；

覆盖：目标清单下的定额保留模板清单与目标清单共有定额，有相同定额时按模板清单定额保留；

替换：目标清单下所有定额按模板清单的定额替换。

7.3 建筑单位工程计价

7.3.1 案例工程桩基工程计价

1. 分部分项工程费

根据案例工程基础工程设计说明，基础类型采用锤击预制 PHC 管桩，桩径 500mm，桩长 10~15m，十字桩尖，优选单节桩，多节桩则采用机械门啮合接头，管桩内孔应灌满强度等级不低于 C35 的微膨胀砼；管桩与承台连接方式（钢筋）详见《闽 2012-G-124 图集》26~28 页。通过查看室外地坪标高、承台顶面标高、承台高度、桩长（取平均值）等信息可计算出沉桩长度。桩基平面布置图可直接点出有 94 根桩（图 7-50、图 7-51、表 7-2）。

序号	项目编码	换	项目名称	单位	工程量	计算式	综合单价	合计	类
						量价			
1	⊞ 010301002001		预制钢筋混凝土管桩 (1)桩规格(包括外径、壁厚):高强预应力混凝土管桩,PHC500-125(AB型) (2)沉桩方法:锤击,锤型60 (3)沉桩长度:12.95m (4)桩尖类型:十字形桩尖 (5)接桩方式:机械门啮合接头(单节桩) (6)填充材料、刷防护材料要求:管桩内孔应灌满强度等级不低于C35的微膨胀砼，钢筋2012-G-124图集26~28页 (7)送桩深度:1.85m4根、2.45m6根、其他2.05m	m	1137.500	91×12.5	383.57	436310.88	合价
2	⊞ 010301002002		预制钢筋混凝土管桩(试验桩) (1)桩规格(包括外径、壁厚):高强预应力混凝土管桩,PHC500-125(AB型) (2)沉桩方法:锤击 (3)沉桩长度:12.95m (4)桩尖类型:十字形桩尖 (5)接桩方式:机械门啮合接头(单节桩) (6)填充材料、刷防护材料要求:管桩内孔应灌满强度等级不低于C35的微膨胀砼，钢筋《闽2012-G-124》图集26~28页 (7)送桩深度:2.05m	m	37.500	3×12.5	425.67	15962.63	合价
3	⊞ 010301004002		截(凿)桩头 (1)桩类型:高强预应力混凝土管桩PHC500-125(AB型) (2)桩头截面、高度:桩径为500mm，管桩壁厚125mm (3)混凝土强度等级:C80 (4)有无钢筋:有	根	94.000	94.000	62.26	5852.44	合价

图 7-50 桩基工程量清单

| 工程概况 | 计价依据 | 取费设置 | 分部分项 | 单价措施费 | 总价措施费 | 其他费 | 材料汇总 | 造价汇总 |

组价方式 合价　收缩　展开　□特征 □不改名称 □修改编号 ☑同时改主材名 □量、价为零不显示

序号	项目编码	换	项目名称	单位	量价 工程量	量价 计算式	量价 综合单价	量价 合计
1	010301002001		预制钢筋混凝土管桩	m	1137.500	91×12.5	383.57	436310.88
	10103022	5	打预制管桩(桩直径500mm以内)	m	1137.500	1137.500	37.42	42565.25
	10103022	1	打预制管桩(桩直径500mm以内)送桩深度2m以内	m	7.400	7.400	39.23	290.30
	10103022	2	打预制管桩(桩直径500mm以内)送桩深度4m以内	m	180.750	180.750	40.99	7408.94
	10103035		管桩桩尖焊接	个	91.000	91.000	273.06	24848.46
	101BC001		管桩PHC500-125(AB)材料费	m	1137.500	1137.500	277.54	315701.75
	101BC002	1	管桩机械门咬合接头	个	91.000	91.000	185.09	16843.19
	10105012	2	C35非泵送混凝土(独立异形柱)	m3	5.358	*3.14*0.125	619.84	3321.10
	10105057		混凝土调整费(非泵送调整费)	m3	5.358	5.358	19.85	106.36
	10105065		现浇构件圆钢筋HPB300以内(直径≤10mm)	t	0.728	0.728	6653.70	4843.89
	10105066		现浇构件圆钢筋HPB300以内(直径12-18mm)	t	2.730	2.730	6455.23	17622.78
	10105126		铁件、螺栓(预埋铁件安装)	t	0.273	0.273	10091.43	2754.96
2	010301002002		预制钢筋混凝土管桩(试验桩)	m	37.500	3×12.5	425.67	15962.63
	10103022	3	打预制管桩(桩直径500mm以内)打试验桩	m	37.500	37.500	73.12	2742.00
	10103022	4	打预制管桩(桩直径500mm以内)送桩深度4m以内打试验桩	m	6.150	3*2.05	80.26	493.60
	10103035		管桩桩尖焊接	个	3.000	3.000	273.06	819.18
	101BC001		管桩PHC500-125(AB)材料费	m	37.500	37.500	277.54	10407.75
	101BC002		管桩机械门咬合接头	个	3.000	3.000	185.09	555.27
	10105012	2	C35非泵送混凝土(独立异形柱)	m3	0.177	3.14*0.125	619.84	109.71
	10105057		混凝土调整费(非泵送调整费)	m3	0.177	0.177	19.85	3.51
	10105065		现浇构件圆钢筋HPB300以内(直径≤10mm)	t	0.024	3*0.008	6653.70	159.69
	10105066		现浇构件圆钢筋HPB300以内(直径12-18mm)	t	0.090	3*0.03	6455.23	580.97
	10105126		铁件、螺栓(预埋铁件安装)	t	0.009	3*0.003	10091.43	90.82
3	010301004002		截(凿)桩头	根	94.000	94.000	62.26	5852.44
	10103102		截桩、凿桩头(预制钢筋混凝土桩截桩 管桩)	根	94.000	94.000	28.08	2639.52
	10101147		挖掘机挖石碴(装车)	m3	94.000	94.000	11.67	1096.98
	10101154	1	自卸汽车运石碴(载重10t以内 运距3km以内)	m3	94.000	94.000	22.51	2115.94

图 7-51　桩基清单项目单价

主要定额换算　　　　　　　　　　　　　　　　　　　　　　　　表 7-2

换算类型	换算内容
【换算】	①(锤型 60 型)打桩机替换为"冲击部分质量 7t" ②圆钢筋替换为直径 8mm
【肯换】	①送桩深度 ②打试验桩
【叠加】	运距 20km
【砼换】	(管桩内孔应灌满强度等级不低于 C35 的微膨胀砼) ① C35 非泵送混凝土 ②同配比砂浆 C35、非泵送调整费
【超高】	/
其他	两条补充定额 ①管桩 PHC500-125(AB) 材料费 ②管桩机械门咬合接头

2. 单价措施项目费

案例工程基础工程主要项目为锤击管桩与截桩头，其措施项目则为锤击管桩施工过程中用到的大型设备进出场与安拆费（图 7-52）。

工程概况	计价依据	取费设置	分部分项	单价措施费	总价措施费	其他费	材料汇总	造价汇总

组价方式 合价 ▼ ↑ ↓ ⋈ ⋈ 收缩 展开 □特征 □不改名称 □修改编号 ☑同时改主材名 □量、价为零不显示

序号		项目编码	换	项目名称	单位	量价			类别	主要
						工程量	综合单价	合计		
▶ 1	-	011705001002		大型机械设备进出场及安拆	项	1.000	22948.15	22948.15	合价	□
		10117144		履带式柴油打桩机进出场费(7t)	台次	1.000	14227.20	14227.20	房屋建筑与	
		10117191		安拆费(履带式柴油打桩机安装、拆卸费)	台次	1.000	6346.69	6346.69	房屋建筑与	
		10117127		履带式起重机进出场费(30t以内)	台次	1.000	2374.26	2374.26	房屋建筑与	

图 7-52　桩基单价措施费

7.3.2　案例工程一般土建工程计价

1. 混凝土工程

案例工程混凝土工程的清单项目与定额项目均可在 BIM 算量软件成果里导出，计价软件主要是进行定额的换算。本工程的混凝土种类与等级主要有以下几种，C35 的基础（梁）、C15 的垫层（4 个单桩基础的为沥青混凝土）、C30 的框架柱、C25 梁板楼梯（屋面梁板为 P6 抗渗），C20 的二次结构构件。所有混凝土均采用预拌混凝土，层数 6 层按非泵送施工。依定额规定，当采用预拌非泵送混凝土，套用相应的预拌泵送混凝土（除圈、过梁、构造柱等二次构件外），增加非泵送调整费，并将预拌泵送混凝土材料调整为预拌非泵送混凝土材料（图 7-53、图 7-54、图 7-55）。

序号	项目编码	换	项目名称	单位	量价	
					工程量	综合单价
1			混凝土项目			
2	⊞ 010501001001		垫层	m3	35.208	625.25
3	⊞ 010501001010		垫层	m3	0.432	923.08
4	⊞ 010501003001		独立基础	m3	160.980	618.36
5	- 010502001001		矩形柱	m3	106.780	616.88
▶	10105011	1	C30预拌非泵送普通混凝土(独立矩形柱)	m3	106.780	597.03
	10105057		混凝土调整费(非泵送调整费)	m3	106.780	19.85
6	- 010502002001		构造柱	m3	52.590	791.38
	10105014		C20非泵送混凝土(构造柱)	m3	52.590	791.38
			项目合计(清单:66,定额:77)			

增加　插入　删除　复制　剪切　粘贴　增子项　导入　换算　叠加　肯换　砼换　超高　查找　调用材料　17

消耗量	清单指引	工作特征	工作内容	清单导航	定额导航	补充定额	综合单价	备注	计算式

序号	材料编号	材料名称	规格	品	单位	数量
▶ 1	00010040	定额人工费			元	46.05*1.1
2	49010040	其他材料费			元	0.93*
3	⊞ 80213535	预拌非泵送普通混凝土	C30(42.5) 碎石25mm 坍落度120-160mm		m3	0.9
4	⊞ 80010700	预拌同配比砂浆	C30(42.5) 砂子4.75mm		m3	0.0

图 7-53　预拌非泵送混凝土换算

序号	项目编码	换	项目名称	单位	量价		
					工程量	综合单价	合计
11	⊞ 010503005001		过梁 (1)C20非泵送混凝土	m3	10.550	799.31	8432.
12	⊟ 010505001001		有梁板 (1)C25预拌非泵送普通混凝土	m3	562.550	579.98	326267.
	└ 10105024	1	C25预拌非泵送普通混凝土(有梁板)	m3	562.550	560.13	315101.
	└ 10105057		混凝土调整费(非泵送调整费)	m3	562.550	19.85	11166.
13	⊟ 010505001002		有梁板 (1)C25预拌非泵送抗渗混凝土，P6，屋面板	m3	109.540	615.10	67378.
▸	10105024	2	C20泵送混凝土(有梁板)	m3	109.540	595.25	65203.
	└ 10103037		混凝土调整费(非泵送调整费)	m3	109.540	19.85	2174.
14	⊞ 010505003001		平板	m3	6.770	563.87	3817.
			项目合计(清单:66,定额:77)				2637738

墙加　插入　删除　复制　剪切　粘贴　墙子项　导入　换算　叠加　肯换　砼换　超高　查找　调用材料　17房屋建筑与

消耗量		清单指引　工作特征　工作内容　清单导航　定额导航　补充定额　综合单价　备注　计算式				
序号	材料编号	材料名称	规格	品	单位	数量
▸ 1	00010040	定额人工费			元	31.06*1.1293
2	49010040	其他材料费			元	3.15*0.92
3	99050880	混凝土抹平机	功率 5.5kW		台班	0.011
4	⊞ 80214750	预拌非泵送抗渗混凝土	C25P6(42.5) 碎石25mm 坍落度120-160mm		m3	1.01

图 7-54　屋面板抗渗混凝土换算

16	⊟ 010506001001		直形楼梯 (1)C25预拌非泵送普通混凝土，单坡直形楼梯 (2)板式楼梯TB1、板厚130mm	m2	12.900	198.66
▸	10105037	3	C25预拌非泵送普通混凝土(整体楼梯 直形)单坡直行楼梯	m2	12.900	178.81
	10105057		混凝土调整费(非泵送调整费)	m3	12.900	19.85
17	⊟ 010506001002		直形楼梯 (1)C25预拌非泵送普通混凝土,整体楼梯 直形, (2)板式楼梯TB2、板厚100mm	m2	157.502	134.47
	10105037	2	C25预拌非泵送普通混凝土(整体楼梯 直形)	m2	157.502	114.62
	10105057		混凝土调整费(非泵送调整费)	m3	157.502	19.85
18	⊞ 010507005001		压顶	m2	3.440	750.50

取消选中换算　取消最后一步换算

1. 砼换算 :=>预拌非泵送普通混凝土 C25(42.5) 碎石25mm 塌落度120-160mm
2. 肯定换算:单坡直行楼梯，人工、材料、机械*1.2
3. 基本换算:定额基价*(130/150)

直行楼梯　单位: m2

人工费　材料费　机械费
81　33.43　111.48　0.00

图 7-55　首层单坡直形楼梯（板厚）换算

2. 砌筑工程

案例工程砌筑工程外墙体采用 190mm×190mm×600mm　MU7.5 加气混凝土砌块，内墙采用 100mm、200mm 厚加气混凝土砌块，均采用专用砂浆砌筑。卫生间内墙采用 390mm×190mm×90mm 陶粒混凝土小型砌块墙。在混凝土梁、板、柱和填充墙交接处均加钉 200mm 宽通长钢丝网。

清单项目列了 4 项，定额换算主要涉及加气混凝土砌块规格 A7.5 的换算；陶粒混凝土小型砌块的无专有定额，套用珍珠岩混凝土砌块定额是按 200mm 厚的规格进行的，所以要调整 100mm 厚砌块墙的消耗量构成（图 7-56 ~ 图 7-58）。

序号	项目编码	换	项目名称	单位	量价	
					工程量	综合单价
▶ 19			砌筑工程			
20	⊟ 010402001001		砌块墙 (1)MU7.5蒸压加气混凝土 (2)内墙，墙厚100mm (3)专用砂浆	m3	77.493	762.39
	└ 10104018	2	砌块砌体(蒸压加气混凝土砌块墙 专用砂浆120mm厚以内)	m3	77.493	762.39
21	⊟ 010402001002		砌块墙 (1)190x190x600 MU7.5加气混凝土砌块 (2)外墙，部分内墙，墙厚200 (3)专用砂浆	m3	495.274	711.45
	└ 10104019	2	砌块砌体(蒸压加气混凝土砌块墙 专用砂浆200mm厚以内)	m3	495.274	711.45
22	⊟ 010402001003		砌块墙 (1)390X190X90陶粒混凝土小型砌块墙，MU7.5 (2)卫生间内墙，100厚	m3	26.240	637.98
	└ 10104020	2	砌块砌体(空心混凝土砌块墙200mm厚以内)	m3	26.240	637.98
23	⊟ 010607005001		砌块墙钢丝网加固 (1)墙体不同交接处须双面用1厚9x25孔网盖缝 (2)按200厚的规格进行的	m2	1095.029	15.55
	└ 10112065		界面剂、铺网(挂钢丝网)	m2	1095.029	15.55

图 7-56 砌筑工程项目

消耗量	清单指引	工作特征	工作内容	清单导航	定额导航	补充定额	综合单价	备注	计算式
序号	材料编号		材料名称	规格	品	单位	数量		单价
▶ 1	00010040		定额人工费			元	231.88*1.1293		
2	49011700-1		加气混凝土砌块	A7.5		m3	0.973		325.000
3	49010040		其他材料费			元	2.5*0.92		1.000
4	99050210		灰浆搅拌机	拌筒容量200L		台班	0.0107		136.640
5	⊞ 80070020		加气混凝土专用砌筑砂浆			m3	0.0568		633.694

图 7-57 加气混凝土砌块 MU7.5 换算

消耗量	清单指引	工作特征	工作内容	清单导航	定额导航	补充定额	综合单价	备注	计算式
序号	材料编号		材料名称	规格	品	单位	数量		单价
▶ 1	00010040		定额人工费			元	176.79*1.1293		
2	49010040		其他材料费			元	0.21*0.92		1.000
3	49011005-24		陶粒混凝土小型砌块	390×190×90 MU7.5		块	120.41		2.100
4	49011006-1		陶粒混凝土小型砌块	190×190×90 MU7.5		块	28.33		1.100
5	04130350		水泥砖	240×115×53		块	35.98		0.360
6	99050210		灰浆搅拌机	拌筒容量200L		台班	0.0125		136.640
7	⊞ 80050150		现拌混合砂浆	M5(42.5)		m3	0.0906		203.960

图 7-58 390×190×90 陶粒混凝土小型砌块换算

3. 屋面工程

案例工程屋面有两种做法，上人屋面与不上人屋面，均采用正置式。上人屋面自下而上的做法列出清单项目（序号25-33），不上人屋面，则将下图上人屋面的保护层，序号31～33清单项目改列为一个清单项目，即水泥砂浆楼地面，考虑不超过6m×6m分格缝的划分（图7-59～图7-61）。

序号	项目编码	换	项目名称	单位	工程量	综合单价
▶ 24			屋面工程-上人			
25	⊟ 011101006001		平面砂浆找平层 (1)水泥砂浆找平层	m2	411.512	26.87
	└ 10111002		水泥砂浆找平层(在混凝土 或硬基层面上 20mm厚)	m2	411.512	26.87
26	⊟ 011101006002		平面砂浆找平层 (1)找坡层(建筑找坡):细石混凝土,最薄处30,平均厚度 85mm	m2	411.512	75.73
	└ 10111013	1	细石混凝土找平层(在硬基层面上 85mm厚)	m2	411.512	75.73
27	⊟ 011001001001		保温隔热屋面 (1)60mm厚岩棉保温板	m2	411.512	20.33
	└ 10110003	1	保温隔热屋面(沥青珍珠岩粉50mm厚)	m2	411.512	20.33
28	⊟ 011101006004		平面砂浆找平层 (1)水泥砂浆找平层	m2	411.512	31.94
	└ 10111001		水泥砂浆找平层(在填充保温材料上 20mm厚)	m2	411.512	31.94
29	⊟ 010902001001		屋面卷材防水 (1)4mm厚高聚物改性沥青防水卷材;一道	m2	456.416	43.87
	└ 10109045	2	卷材防水(改性沥青卷材 热熔法一层 平面)	m2	456.416	43.87
30	⊟ 011101006005		平面砂浆找平层 (1)隔离层: 10mm厚厚Mu1.0水泥砂浆	m2	411.512	15.39
	└ 10111002	2	水泥砂浆找平层(在混凝土 或硬基层面上 10mm厚)	m2	411.512	15.39
31	⊟ 011101003001		细石混凝土楼地面 (1)保护层: 40mm厚细石混凝土	m2	411.512	58.10
	├ 10111027		细石混凝土楼地面(30mm厚)	m2	411.512	40.35
	└ 10111013	9	细石混凝土找平层(在硬基层面上 10mm厚)	m2	411.512	17.75
32	⊟ 010515001001		现浇构件钢筋 (1)保护层: 内配Ø4@100双向钢筋网片	t	0.812	8726.91
	└ 10105065	5	现浇构件圆钢筋HPB300以内(直径≤10mm)	t	0.812	8726.91
33	⊟ 011102003001		块料楼地面 (1)上人屋面: 防滑地砖面层, 1:1水泥砂浆嵌平缝	m2	411.512	114.95
	└ 10111045	1	(地砖楼地面 水泥砂浆结合层 不勾缝 周长1600mm以内)	m2	411.512	114.95

图 7-59　上人屋面项目

41	⊟ 011101001001		水泥砂浆楼地面 (1)保护层: 20mm厚1:2.5水泥砂浆楼地面	m2	507.330	34.72
	├ 10111017		水泥砂浆楼地面面层(20mm厚)	m2	507.330	32.85
	└ 10109185		卷材屋面分格缝(闽93J01-1、2/5, 4/6)	m	71.900	13.21

图 7-60　不上人屋面保护层项目

▶ 42			屋面其他			
43	⊟ 010902008001		屋面变形缝 (1)屋面变形缝04CJ01-1 1、2/29, W=100mm (2)屋面出入口 11J930, 3/J21	m	12.300	541.03
	├ 10109167	1	屋面变形缝(04CJ01-1-1/29)	m	12.300	395.02
	└ 10109183		屋面变形缝(屋面出入口 C15混凝土台阶及卷材防水附加层12J201-1、2/A17)	m	3.600	498.88
44	⊟ 010903004001		墙面变形缝 (1)外墙变形缝04CJ01-1 2/22 W=100mm)	m	10.900	217.68
	└ 10109144	1	伸缩缝、变形缝(外墙变形缝04CJ01-1 3/21 W=100mm)	m	10.900	217.68
45	⊟ 010902009001		铁爬梯 (1)铁爬梯15J401 WT1b-48/D3 (φ20)	步	36.000	51.86
	└ 10109206		铁爬梯 (闽93J01-1/17) (φ20)	步	36.000	51.86
46	⊟ 01B001		水簸箕 (1)钢筋混凝土水簸箕	个	3.000	118.67
	└ 10109212		避雷针旗杆基座、过水孔、砼水簸箕(预制混凝土水簸箕(12J201-/H6))	个	3.000	118.67
47	⊟ 01B004		屋面泛水 (1)屋面泛水做法, 11J930, C/J20 ;未注明12J201-1/A13、1/A14	m	412.714	88.13
	└ 10109194		屋面泛水(屋面立墙泛水20×2扁钢压条 密封胶封严(12J201-1~6/A14、1~3/B7))	m	412.714	88.13

图 7-61　屋面其他项目

4. 室外工程

案例工程室外工程，室内外高差 0.15m，设有 1：20 的坡道，坡长为 3m，坡道做法详见 12J003-1/A5，图纸未指定面层做法，选定面层做为水泥面层礓磋 12J003-3A/A7。房屋四周设置明沟式散水，11J930-A11- 散水 15，混凝土篦子盖 12J003-a/A2。明沟遇到坡道，改用直径 150mm 的水泥管（见图 7-62）。

▶ 48			室外工程			
49	⊟ 010507001002		散水、坡道(坡道) (1)坡道：12J003-1/A5，水泥面层礓磋3A/A7 (2)30mm厚水泥砂浆面层，抹汀锯齿形礓磋坡道 (3)素水泥浆一道（内掺建筑胶） (4)150厚C20混凝土 (5)300厚粒径10-40卵石（砟石）灌M2.5混合砂浆，宽出面层300 (6)素土夯实	m2	169.910	271.46
	— 10111020		坡道锯齿形(水泥砂浆 防滑面层)	m2	169.910	41.32
	— 10111017	2	水泥砂浆楼地面面层(30mm厚)	m2	169.910	38.12
	— 10105001	3	基础(C20现拌普通混凝土 垫层)	m3	25.487	502.10
	— 10105059		搅拌机拌制混凝土调整费	m3	25.487	64.77
	— 10104077	1	碎石垫层(灌浆)	m3	58.540	307.76
	— 10101095		原土夯实(机械)	m2	169.910	0.95
50	⊟ 010507001001		散水、坡道(散水) (1)明沟式散水，11J930-A11-散水15，混凝土篦子盖12J003-a/A2 (2)60厚粒径5-32卵石灌1:3水泥砂浆 (3)60厚C15混凝土，现拌普通混凝土 (4)30厚粗砂垫层，向外坡3%~5% (5)素土夯实	m2	182.762	66.50
	— 10104077	2	碎石垫层(灌浆)	m3	10.966	325.66
	— 10105001	9	基础(C15现拌普通混凝土 垫层)	m3	10.966	498.70
	— 10105059		搅拌机拌制混凝土调整费	m3	10.966	64.77
	— 10104069	1	砂垫层	m3	5.483	406.58
	— 10101095		原土夯实(机械)	m2	182.762	0.95
51	⊟ 010507003001		电缆沟、地沟、明暗沟 (1)明沟加盖，12J003-10/A5，混凝土篦子盖12J003-a/A2 (2)1:2.5水泥砂浆抹面最薄处20厚，纵向坡度不小于0.5% (3)100厚C20混凝土排水沟， (4)150厚粒径10-40卵石（砟石）灌M2.5混合砂浆 (5)素土夯实	m	182.500	283.66
	— 10105063	2	C25预制地沟盖板(碎石)	m3	4.813	1216.40
	— 10105040	1	其他构件(C20现拌普通混凝土 地沟)	m3	41.975	461.26
	— 10105059		搅拌机拌制混凝土调整费	m3	41.975	64.77
	— 10111119	1	地沟水泥砂浆面层（20mm厚）	m2	464.130	51.35
52	⊟ 040402017001		变形缝 (1)密封膏（沥青胶泥）嵌缝	m	232.000	53.61
	— 10109117	1	伸缩缝、变形缝(沥青砂浆嵌缝)	m	232.000	53.61

图 7-62　室外工程项目

5. 钢筋工程

案例工程钢筋工程，打开 BIM 钢筋工程的算量成果文件"钢筋级别用量表 .excel"与"钢筋接头汇总表 .excel"，在计价软件根据钢筋种类、规格，连接方式，直接输入钢筋工程、螺栓铁件对应的清单项目及定额项目（见图 7-63）。

54			钢筋工程			
55	-	010515001002	现浇构件钢筋 (1)HPB300，直径 ≤10mm	t	70.730	6653.70
	└	10105065	4	现浇构件圆钢筋HPB300以内(直径 ≤10mm)	t	70.730	6653.70
56	-	010515001003	现浇构件钢筋 (1)HRB400，直径12-18mm	t	65.149	5991.95
	└	10105068	现浇构件带肋钢筋HRB400以内(直径12-18mm)	t	65.149	5991.95
57	-	010515001004	现浇构件钢筋 (1)HRB400，直径20-25mm	t	6.582	5640.39
	└	10105069	现浇构件带肋钢筋HRB400以内(直径20-25mm)	t	6.582	5640.39
58	-	010516006001	电渣压力焊接 (1)电渣压力焊接φ≤18	个	2176.000	5.79
	└	10105108	电渣压力焊接φ≤18	个	2176.000	5.79
59	-	010516003001	机械连接 (1)钢筋直螺纹连接，φ22，φ25	个	18.000	15.64
	└	10105103	钢筋直螺纹连接(φ22)	个	14.000	15.59
	└	10105104	钢筋直螺纹连接(φ25)	个	4.000	15.82

图 7-63　钢筋工程项目

6. 单价措施项目费

案例工程单价措施项目，模板工程、脚手架工程清单与定额可直接由算量软件得到，模板工程定额组价时要注意有无增加费。单价措施项目还要考虑垂直运输、大型机械设备进出场及安拆、施工电梯的基础费用。本工程没有采用吊车，考虑使用施工电梯2部，由于主体结构采用非泵送，注意定额的电的换算（肯换）。大型机械设备进出场及安拆注意还要包含施工电梯的基础费用与检测费，注意在大型机械设备检测定额要在【定额导航】查找中输入"检测"方可找到（见图 7-64、见图 7-65）。

19	-	011701002001		外脚手架及垂直封闭安全网	m2	3818.146	91.88
	└	10117001		外脚手架（落地式钢管）(外墙扣件式钢管脚手架 双排 建筑物高度30m以内)	m2	3818.146	82.33
	└	10117015		建筑物垂直封闭(阻燃安全网)	m2	3818.146	9.55
20	-	011703001001		垂直运输	项	1.000	183316.80
	└	10117093	1	垂直运输工程(施工电梯使用费 建筑檐高50m以内)主体结构采用非泵送	部·天	160.000	1145.73
21	-	011705001001		大型机械设备进出场及安拆	项	1.000	85144.59
	└	10117123		履带式单斗挖掘机进出场费(1m3以内)	台次	2.000	1752.65
	└	10117125		履带式推土机进出场费(90kW以内)	台次	1.000	1797.77
	└	10117138		施工电梯进出场费(建筑檐高50m以内)	台次	2.000	13149.66
	└	10117177	1	安拆费(施工电梯安装、拆卸费 建筑檐高50m以内)	台次	2.000	10795.34
	└	10117206		施工电梯固定式基础(平台式)	座	2.000	12975.76
	└	BA-2		施工电梯检测	台次	4.000	1500.00

图 7-64　单价措施项目

序号	编号	名称	单位	综合单价
1	BA-1	塔吊检测	台次	0.00
2	BA-2	施工电梯检测	台次	0.00

图 7-65　大型机械设备检测定额

7.3.3 案例工程土石方工程计价

案例工程土石方工程，场地平整、土方开挖与回填、运输工程的清单与定额可直接由算量软件得到，当采用机械开挖时，要列出人工辅助机械开挖，人工开挖不超过总挖方量5%，并要进行相应定额的换算（肯换），本案例余方弃置运距按20km考虑（图7-66）。

序号	项目编码	换	项目名称	单位	工程量	综合单价
1	010101001001		平整场地 (1)三类土 (2)由投标人根据施工现场自行决定 (3)由投标人根据施工现场自行决定	m2	934.553	1.73
	10101002		平整场地(推土机)	m2	934.553	1.73
2	010101004001		挖基坑土方 (1)三类土 (2)2m以内	m3	48.321	43.93
	10101030		人工挖基坑土方(三类土 坑深2m以内)	m3	48.321	43.93
3	010101003001		挖沟槽土方 (1)三类土 (2)2m以内	m3	28.743	41.38
	10101018		人工挖沟槽土方(三类土 槽深2m以内)	m3	28.743	41.38
4	010101004002		挖基坑土方 (1)三类土 (2)2m以内	m3	693.569	6.47
	10101055		挖掘机挖槽坑土方(不装车 三类土)	m3	658.891	3.55
	10101018	1	人工挖沟槽土方(三类土 槽深2m以内)人工辅助机械开挖不超过总挖方量5%	m3	34.678	62.05
5	010103001001		回填方 (1)原土回填	m3	518.156	10.20
	10101103		回填土(填土机械夯实 槽坑)	m3	518.156	10.20
6	010103002001		余方弃置	m3	252.477	52.76
	10101084	2	自卸汽车运土(载重10t以内 运距20km以内)	m3	252.477	48.74
	10101052		挖掘机挖一般土方(装车 三类土)	m3	252.477	4.02

图7-66 土石方工程项目

7.3.4 案例工程装饰装修工程计价

案例工程装饰装修工程，其清单与定额工程量可直接由算量软件得到，定额量也可以在此进行简单计算。卫生间楼地面为水泥砂浆，注意楼面与地面的做法在垫层与基层的区别（图7-67）。楼梯段面砖踢脚线注意要肯定换算。

	1		地面工程			
	2		卫生间: 11J930，地5/G3			
3	010501001007		垫层 (1)首层卫生间，60厚C15混凝土垫层，150厚碎石夯入土中	m3	1.296	970.03
	10105001	5	基础(C15现拌普通混凝土 垫层)	m3	1.296	486.47
	10105059		搅拌机拌制混凝土调整费	m3	1.296	64.77
	10102003		填料加固(碎石垫层)	m3	3.240	167.51
4	011101006011		平面砂浆找平层 (1)30厚1:3水泥砂浆找平层	m2	53.760	31.75
	10111002	3	水泥砂浆找平层(在混凝土 或硬基层面上 20mm厚)	m2	53.760	31.75
5	010904002001		楼(地)面涂膜防水 (1)聚氨酯防水涂膜1.5mm厚	m2	53.760	48.77
	10109082	3	涂料防水(聚氨酯防水涂膜1.5mm厚 平面)	m2	53.760	48.77
6	011101006012		平面砂浆找平层 (1)35mm厚C20细石混凝土	m2	53.760	37.08
	10111013	5	细石混凝土找平层(在硬基层面上 35mm厚)	m2	53.760	37.08
7	011101001007		水泥砂浆楼地面 (1)15厚1:2.5水泥砂浆面层	m2	53.760	30.23
	10111017	2	水泥砂浆楼地面面层(20mm厚)	m2	53.760	30.23

图7-67 卫生间楼地面工程项目

本案例工程外门窗工程：普通铝合金门窗，玻璃为无色透明中空玻璃（6+9A+6），面积大于 1.5m²，要采用安全玻璃，为此定额要进行玻璃的换算（批量替换），乙级钢质防火门（基本换算）；房间门 PM0821、PM1021 为平开夹板门，定额项目由门扇安装与门框安装组成，门框工程量的计算注意换算成杉木胶合板门（图 7-68、图 7-69）。

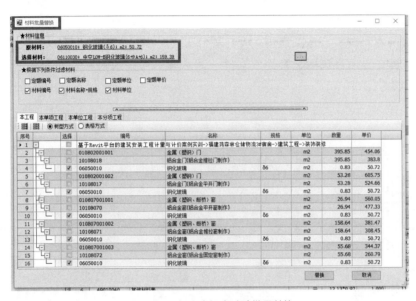

图 7-68 铝合金门窗玻璃批量替换

图 7-69 平开夹板门项目

7.4 安装单位工程计价

7.4.1 案例工程给排水工程计价

1. 给水系统

本案例室内给水管材：引入管、干管、立管采用钢塑给水管及其配件，DN<100mm 丝扣连接（即螺纹连接），DN ≥ 100mm 卡箍连接；支管采用 PP-R 管（聚丙烯）及其配件，热熔连接。由生活冷水给水展开系统原理图中可知，最大直径为

DN50，为消防水箱进水管，局部引入管为 DN40（埋地敷设），其他引入管、干管、立管直径均在 DN32 以内，由福建省定额可知，DN32 以内不用另行计算成品管卡的安装，本工程要计算的支架只需 DN50 部分的。给水管道安装均要计算"管道消毒、冲洗"定额项目；套管均采用钢套管，其中穿外墙为刚性防水套管，穿消防水池为柔性防水套管（进水 4 个，出水 2 个）；另需注意本工程的给水管道 UPVC 塑料保护管的计算（图 7-70、图 7-71）。

各类阀门均为铜质、螺纹连接；水表采用螺纹连接，注意要计算水表表箱的安装项目；卫生器具安装项目包括配套给水附件（如水嘴）和排水附件（如存水弯）的安装，计算中不得重算。

▶ 1			给水系统			
2	□	031001007001	复合管	m	33.620	90.52
	├	31001444	1 室内(钢塑复合管(螺纹连接)公称直径50mm以内)	m	33.620	89.75
	└	31011137	管道消毒、冲洗(公称直径50mm以内)	m	33.620	0.77
3	+	031001007002	复合管	m	3.350	77.17
4	+	031001007003	复合管	m	31.740	74.56
5	+	031001007004	复合管	m	18.080	59.45
6	+	031001007005	复合管	m	169.610	44.81
7	+	031001007006	复合管	m	2.780	40.56
8	□	031001006001	塑料管	m	108.840	40.49
	├	31001316	1 室内PPR塑料给水管(热熔连接) DN25	m	108.840	39.88
	└	31011134	管道消毒、冲洗(公称直径25mm以内)	m	108.840	0.61
9	+	031001006002	塑料管	m	692.730	32.68
10	+	031001006003	塑料管	m	162.480	28.47
11	□	031002001002	管道支架	kg	13.128	17.87
	├	31011001	管道支架制作(单件重量100kg以内)	kg	13.128	12.49
	└	31011002	管道支架安装(单件重量100kg以内)	kg	13.128	5.38
12	□	031002003002	套管	个	57.000	227.35
	├	31011053	刚性防水套管制作(介质管道公称直径50mm以内)	个	57.000	157.36
	└	31011065	1 刚性防水套管安装(介质管道公称直径50mm以内)	个	57.000	69.99
13	□	031002003003	套管	个	4.000	382.35
	├	31011029	柔性防水套管制作(介质管道公称直径50mm以内)	个	4.000	334.47
	└	31011041	1 柔性防水套管安装(介质管道公称直径50mm以内)	个	4.000	47.88
14	+	031002003004	套管	个	5.000	37.77
15	+	031002003005	套管	个	11.000	89.71
16	+	031002003006	套管	个	6.000	49.44
17	+	031002003013	套管	个	12.000	37.77
18	+	031002003014	套管	个	8.000	24.79
19	□	031001006013	塑料管	m	18.250	26.91
	└	31011093	1 塑料管道保护管制作安装(公称外径110mm以内)	m	18.250	26.91

图 7-70　给水管道项目

27	⊟ 031003001011	螺纹阀门		个	10.000	32.82
	└ 31005001	DN15截止阀安装(公称直径15mm以内)	1	个	10.000	32.82
28	⊟ 031003001012	螺纹阀门		个	1.000	35.86
	└ 31005002	DN20电动阀安装(公称直径20mm以内)	2	个	1.000	35.86
29	⊟ 031003001013	螺纹阀门		个	1.000	141.43
	└ 31005006	DN50液压水位控制阀安装(公称直径50mm以内)	3	个	1.000	141.43
30	⊟ 031003001014	螺纹阀门		个	1.000	141.43
	└ 31005006	DN50止回阀安装(公称直径50mm以内)	4	个	1.000	141.43
31	⊞ 031003001015	螺纹阀门		个	9.000	49.21
32	⊞ 031003001016	螺纹阀门		个	1.000	38.87
33	⊟ 031003001017	螺纹阀门		个	9.000	123.08
	└ 31005030	自动排气阀安装(公称直径25mm以内)		个	9.000	123.08
34	⊟ 031003013001	水表		个	1.000	181.75
	└ 31005310	普通水表安装(螺纹连接)(公称直径40mm以内)		个	1.000	181.75
35	⊞ 031003013002	水表		个	9.000	72.08
36	⊞ 031003013003	水表		个	28.000	63.59
37	⊟ 031003020002	成品水表箱		个	5.000	200.89
	└ 31011150	水表箱 五表	1	个	5.000	200.89
38	⊞ 031003020003	成品水表箱		个	3.000	176.21
39	⊟ 031004014001	给、排水附(配)件		个	8.000	10.78
	└ 31006084	水龙头安装(公称直径20mm)		个	8.000	10.78
40	⊟ 031004006001	大便器		组	8.000	768.96
	└ 31006036	蹲式大便器安装(瓷低水箱)	1	套	8.000	738.08
	└ 31011179	预留孔洞(混凝土楼板 公称直径100mm以内)		个	8.000	11.31
	└ 31011201	堵洞(公称直径100mm以内)		个	8.000	19.57
41	⊞ 031004006002	大便器		组	9.000	1141.13
42	⊞ 031004004001	洗涤盆		组	29.000	191.27
43	⊞ 031004004002	洗涤盆		组	29.000	191.27
44	⊟ 031004003001	洗脸盆		组	17.000	243.08
	└ 31006020	洗脸盆(台上式 冷水)	1	组	17.000	224.11

图 7-71　给水管道附件、卫生器具、给水设备项目

2. 排水工程

本案例室内排水管材:靠近与宿舍相邻内墙的排水立管采用螺旋消声排水管,其他采用 U-PVC 排水管,胶接接口。排水管穿楼板做法详 10S406-34（B 型）(图7-72),由图可知采用预留洞,穿外墙为刚性防水套管,由污、废水排水展开系统原理图可知,伸顶通气管穿屋面层采用刚性防水套管。排水横管与立管连接应采用顺水三通;排水立管与排水出户管连接处应采用 2 个 45° 弯头且立管底部弯管处应设支墩。故本案例中的地漏、扫除口等排水附件同卫生器具一样也要计算预留、堵孔洞项目。排水附件要注意计算阻火圈、伸缩节、止水环、透气帽的材料费用（图 7-73、图 7-74）。

定额条文:刚性防水套管和柔性防水套管安装项目中,包括了配合预留孔洞及浇筑混凝土工作内容。一般套管制作安装项目,均未包括预留孔洞工作,发生时按本章所列预留孔洞项目另行计算。套管制作安装项目已包括堵洞工作内容。本章所列堵洞项目,

适用于管道在穿墙、楼板不安装套管时的洞口封堵。预留孔洞、堵洞项目，按工作介质管道直径，分规格以"个"为计量单位。

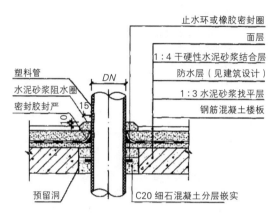

图 7-72　10S406-34-B 排水管穿楼板做法

47			排水系统			
48	⊟ 031001006004		塑料管	m	40.250	64.68
	⌐ 31001363	1	螺旋消声排水管(粘接) 外径110mm以内	m	40.250	64.68
49	⊟ 031001006005		塑料管	m	144.240	64.68
	⌐ 31001363	2	室内U-PVC塑料排水管(粘接) 外径110mm以内	m	144.240	64.68
50	⊟ 031001006006		塑料管	m	120.450	43.68
	⌐ 31001362	1	螺旋消声排水管(粘接) 外径75mm以内	m	120.450	43.68
51	⊟ 031001006007		塑料管	m	120.450	43.68
	⌐ 31001362	2	室内U-PVC塑料排水管(粘接) 外径75mm以内	m	120.450	43.68
52	⊟ 031001006008		塑料管	m	185.650	33.94
	⌐ 31001361	1	室内U-PVC塑料排水管(粘接) 外径50mm以内	m	185.650	33.94
53	⊟ 031002003009		套管	个	13.000	336.05
	⌐ 31011055		刚性防水套管制作(介质管道公称直径100mm以内)	个	13.000	257.28
	⌐ 31011067	1	刚性防水套管安装(介质管道公称直径100mm以内)	个	13.000	78.77
54	⊟ 031002003010		套管	个	24.000	276.30
	⌐ 31011054		刚性防水套管制作(介质管道公称直径80mm以内)	个	24.000	202.64
	⌐ 31011066	1	刚性防水套管安装(介质管道公称直径80mm以内)	个	24.000	73.66
55	⊟ 030413003002		打洞(孔)	个	9.000	30.88
	⌐ 31011179		排水立管穿混凝土楼板预留孔洞(混凝土楼板 公称直径100mm以内)	个	9.000	11.31
	⌐ 31011201		堵洞(公称直径100mm以内)	个	9.000	19.57
56	⊟ 030413003001		打洞(孔)	个	68.000	26.40
	⌐ 31011178		排水立管穿混凝土楼板预留孔洞(混凝土楼板 公称直径80mm以内)	个	68.000	9.56
	⌐ 31011200		堵洞(公称直径80mm以内)	个	68.000	16.84

图 7-73　排水管道附件、套筒、预留孔洞、堵洞项目

57	031004014003	给、排水附(配)件	个	10.000	54.67
	31011098	1	阻火圈安装(公称直径100mm以内)	个	10.000	54.67
58	031004014004	给、排水附(配)件	个	30.000	40.94
59	031004014005	给、排水附(配)件	个	17.000	55.43
60	031004014006	给、排水附(配)件	个	58.000	55.43
	31006097	2	倒钟罩型水封地漏 DN50	个	58.000	36.46
	31011176	预留孔洞(混凝土楼板 公称直径50mm以内)	个	58.000	7.37
	31011198	堵洞(公称直径50mm以内)	个	58.000	11.60
61	031004014007	给、排水附(配)件	个	29.000	55.43
62	031004014008	给、排水附(配)件	个	8.000	54.76
	31006103	地面扫除口安装(公称直径100mm以内)	个	8.000	23.88
	31011179	预留孔洞(混凝土楼板 公称直径100mm以内)	个	8.000	11.31
	31011201	堵洞(公称直径100mm以内)	个	8.000	19.57
63	031004014014	给、排水附(配)件	个/组	1.000	559.44
	103BC001	伸缩节DE75	个	87.000	5.80
	103BC001	1	伸缩节DE110	个	12.000	4.57
64	031004014015	给、排水附(配)件	个/组	1.000	377.58
	103BC002	2	透气帽 DE75	个	18.000	18.51
	103BC002	1	透气帽 DE110	个	2.000	22.20
65	031004014016	给、排水附(配)件	个/组	1.000	53.24
	103BC003	止水环DE110	个	12.000	0.98
	103BC003	1	止水环DE75	个	68.000	0.61
66	010101007003	管沟土方	m	160.080	74.87
	31011212	管道挖土方(管道挖填土方 管道公称直径100mm以内1m深)	m	160.080	74.87
67	010101007004	管沟土方	m	7.420	44.95
	31011210	管道挖土方(管道挖填土方 管道公称直径100mm以内0.6m深)	m	7.420	44.95

图 7-74 排水附件项目

3. 雨水工程

本案例室内雨水排水管材为 UPVC 雨水管,粘接,其计算项目与排水工程类似,排水附件有 87 型铸铁雨水斗、侧向雨水斗等(图 7-75)。

68		雨水系统			
69	031001006009	塑料管	m	224.280	47.44
	31001384	1	室内塑料雨水管(粘接) 外径110mm以内	m	224.280	47.44
70	031001006010	塑料管	m	50.460	37.63
71	031002003011	套管	个	15.000	336.05
72	031002003012	套管	个	7.000	276.30
	31011054	刚性防水套管制作(介质管道公称直径80mm以内)	个	7.000	202.64
	31011066	刚性防水套管安装(介质管道公称直径80mm以内)	个	7.000	73.66
73	030413003003	打洞(孔)	个	21.000	30.88
	31011179	雨水管穿混凝土楼板预留孔洞(混凝土楼板 公称直径100mm以内)	个	21.000	11.31
	31011201	堵洞(公称直径100mm以内)	个	21.000	19.57
74	030413003004	打洞(孔)	个	5.000	26.40
75	031004014009	给、排水附(配)件	个	3.000	134.44
	31006106	87型铸铁雨水斗安装(公称直径100mm以内)	个	3.000	134.44
76	031004014010	给、排水附(配)件	个	12.000	134.44
	31006106	2	侧向雨水斗 DN100安装(公称直径100mm以内)	个	12.000	134.44
77	031004014011	给、排水附(配)件	个	7.000	129.51
78	031004014017	给、排水附(配)件	个	51.000	4.84
	103BC001	伸缩节DE75	个	11.000	5.80
	103BC001	1	伸缩节DE110	个	40.000	4.57
79	031004014018	给、排水附(配)件	个	1.000	18.51
	103BC002	2	透气帽 DE75	个	1.000	18.51
80	031004014019	给、排水附(配)件	个	26.000	0.68
	103BC003	止水环DE110	个	5.000	0.98
	103BC003	1	止水环DE75	个	21.000	0.61
81	031004014012	给、排水附(配)件	个	1.000	84.39
82	010101007005	管沟土方	m	28.340	44.95

图 7-75 雨水系统项目

4.冷凝水工程

本案例空调冷凝水管材为 UPVC 排水管，胶接接口，其计算项目与排水工程类似，排水附件有不锈钢丝网罩、防虫网罩等（图 7-76）。

l 83			冷凝水系统			
84	–	031001006011	塑料管	m	286.720	22.44
	└	31003075	1	空调凝结水塑料管(粘接)(外径32mm内)	m	286.720	22.44
85	–	031001006012	塑料管	m	32.120	19.00
	└	31003074	1	空调凝结水塑料管(粘接)(外径25mm内)	m	32.120	19.00
86	–	030413003005	打洞(孔)	个	66.000	18.97
	└	31011176		预留孔洞(混凝土楼板 公称直径50mm以内)	个	66.000	7.37
	└	31011198		堵洞(公称直径50mm以内)	个	66.000	11.60
87	–	031004014020	给、排水附(配)件	个	68.000	3.96
	└	103BC001	2	伸缩节DE75	个	68.000	3.96
88	–	031004014022	给、排水附(配)件	个	66.000	0.50
	└	103BC003	2	止水环DE32	个	66.000	0.50
89	–	031004014021	给、排水附(配)件	个	14.000	7.40
	└	103BC004	1	不锈钢丝网罩	个	14.000	7.40
90	–	031004014023	给、排水附(配)件	个	2.000	3.70
	└	103BC005	1	防虫网罩	个	2.000	3.70
91	–	010101007006	管沟土方	m	18.000	41.73
	└	31011209		管道挖土方(管道挖填土方 管道公称直径50mm以内0.6m深)	m	18.000	41.73

图 7-76　空调冷凝水系统项目

5.单价措施项目费

给排水工程的单价措施项目主要是脚手架搭拆费【BJ-10】，通过在【分部分项】界面，选中定额项目，在【条件】列点击【执行换算】。本案例工程有空调水系统（冷凝水管），可计算空调水系统调整费【BT-1002】，注意，空调水系统调整费只涉及空调冷凝水系统相关定额，选择时要将这部分定额的【BJ-10】【BT-1002】两项同时勾选（图 7-77、图 7-78）。

图 7-77　给水系统脚手架搭拆费【BJ-10】(一)

序号	项目编码	换	项目名称	单位	量价		
					工程量	综合单价	合计
▶ 1	— 031301017005		脚手架搭拆	项	1.000	5633.50	5633.50
	BJ-10		给排水、采暖、燃气工程脚手架搭拆费	元	4580.085	1.23	5633.50

图 7-77　给水系统脚手架搭拆费【BJ-10】(二)

图 7-78　空调水系统调整费【BT-1002】

7.4.2　案例工程消防工程计价

1. 分部分项工程费

本案例消火栓系统管材采用内外壁热浸镀锌普通焊接钢管,DN ≤ 50mm 丝扣接口,DN > 50mm 沟槽式连接,丝扣连接正常套用消火栓钢管(螺纹连接)定额,沟槽式连接则要套用水喷淋钢管(沟槽连接)的定额。消防管外刷红色调和漆二度(图 7-79)。

本案例消火栓一层 SG16B65Z-J 型的要套明装定额,楼梯间 SG16A65-J 型的要套暗装定额。立式消防增压稳压供水设备定额包含以下工作内容:压力容器(气压罐或稳压罐或无负压罐)安装、水泵(主泵、备用泵)安装、附件(配套的阀门、仪表、软接头、止回阀及其他附件)安装以及设备、附件之间的管路连接、泵组底座安装,但不包括设备基础,发生时另行计算(图 7-80)。

1	030901002001		消火栓钢管	m	121.390	184.09		
	30901018	2	内外壁热浸镀锌钢管 DN100(沟槽连接)	m	121.390	184.09		
2	030901002002		消火栓钢管	m	3.470	127.44		
3	030901002003		消火栓钢管	m	14.400	114.68		
4	030901002004		消火栓钢管	m	0.800	71.79		
	30901024	2	内外壁热浸镀锌钢管 DN50(螺纹连接)	m	0.800	71.79		
5	030901002005		消火栓钢管	m	2.620	59.95		
	30901024	1	内外壁热浸镀锌钢管 DN32(螺纹连接)	m	2.620	59.95		
6	030901002006		消火栓钢管	m	0.560	55.00		
	30901024	3	内外壁热浸镀锌钢管 DN25(螺纹连接)	m	0.560	55.00		
7	031201001001		管道刷油	m2	48.540	9.19		
	31102008	1	管道刷油(调和漆 第二遍)	m2	48.540	9.19		
8	031002001001		管道支架	kg	81.400	17.87		
9	031201003001		金属结构刷油	kg	81.400	2.72		
10	031002003001		套管	个	2.000	620.60		
11	031003003001		焊接法兰阀门	个	10.000	300.18		
	31005045	1	蝶阀 DN100法兰阀门安装(公称直径100mm以内)	个	10.000	300.18		
12	031003003002		焊接法兰阀门	个	2.000	300.18		
13	031003003003		焊接法兰阀门	个	1.000	1867.31		
	31005045	3	防止旋流器法兰阀门安装(公称直径100mm以内)	个	1.000	1867.31		
14	031003003004		焊接法兰阀门	个	1.000	300.51		
15	031003003005		焊接法兰阀门	个	1.000	254.85		
	31005043	1	闸阀DN65法兰阀门安装(公称直径65mm以内)	个	1.000	254.85		
16	031003001001		螺纹阀门	个	1.000	141.43		
	31005006	1	螺纹阀门安装(公称直径50mm以内)	个	1.000	141.43		
17	031003001002		螺纹阀门	个	1.000	49.21		
18	031003001004		螺纹阀门	个	4.000	71.80		
19	031003001003		螺纹阀门	个	2.000	71.80		
20	031003011001		法兰	副	13.000	167.64		
	31005148		碳钢平焊法兰安装(公称直径100mm以内)	副	13.000	167.64		

图 7-79 消火栓系统管道及附件项目

23	031003010001		软接头(软管)	个/组	4.000	28.15	112.60	0
	31005470	1	螺纹式软接头安装(公称直径32mm以内)	个	4.000	28.15	112.60	0
24	030901010004		室内消火栓	套	5.000	1056.53	5282.65	756.89
	30901069	1	薄型单栓带消防软管卷盘式消火栓箱(SG16B65Z-J型)	套	5.000	1056.53	5282.65	756.89
25	030901010003		室内消火栓	套	18.000	917.52	16515.36	631.176
	30901074	1	单栓室内消火栓箱(SG16A65-J型)	套	18.000	917.52	16515.36	631.176
26	030901010002		室内消火栓	套	1.000	121.10	121.10	53.406
	30901073	1	室内消火栓 试验消火栓DN65	套	1.000	121.10	121.10	53.406
27	030901013001		灭火器	具	60.000	86.33	5179.80	68.38
	30901092	1	MF/ABC4(磷酸按盐)4Kg	具	60.000	86.33	5179.80	68.38
28	031003020001		灭火器箱	个	30.000	79.10	2373.00	64.1
	038001		灭火器箱	个	30.000	79.10	2373.00	64.1
29	031006002001		稳压给水设备	套	1.000	22396.36	22396.36	12706.
	31009012		稳压给水设备(设备重量1.5t以内)	套	1.000	22396.36	22396.36	12706.
30	031006015001		水箱	台	1.000	24877.10	24877.10	18800
	31009106		整体水箱安装(水箱总容量35m3以内)	台	1.000	24877.10	24877.10	18800
31	030905002001		水灭火控制装置调试	点	19.000	223.17	4240.23	
	30905012		水灭火控制装置调试(消火栓灭火系统)	点	19.000	223.17	4240.23	
32	010101007001		管沟土方	m	3.880	74.87	290.50	
	31011212		管道挖土方(管道挖填土方 管道公称直径100mm以内1m深)	m	3.880	74.87	290.50	

图 7-80 消火栓系统设备项目

2. 单价措施项目费

消火栓系统的单价措施项目主要是脚手架搭拆费,本案例涉及【BJ-9】【BJ-1101】及【BJ-10】(图 7-81)。

序号	项目编码	换	项目名称	单位	量价		
					工程量	综合单价	合计
1	- 031301017004		脚手架搭拆	项	1.000	1323.25	1323.25
	— BJ-9		消防工程脚手架搭拆费	元	629.173	1.23	773.88
	— BJ-1101		刷油、防腐工程脚手架搭拆费	元	25.505	1.23	31.37
	— BJ-10		给排水、采暖、燃气工程脚手架搭拆费	元	421.137	1.23	518.00

图 7-81　消火栓系统脚手架

7.4.3　案例工程电气工程计价

1. 分部分项工程费

本案例电气工程计价内容主要包含：配电箱、金属线槽、电缆、配管配线、灯具、开关、插座等。配电箱没有落地式，均按成套配电箱安装（悬挂嵌入式 1.5m 半周长）定额项目，配电箱为主材，注意表箱 AW 出线 $10mm^2$ 导线有 12 根、$16mm^2$ 导线有 6 根，需要计算焊铜接线端子项目。楼层水平设封闭式金属线槽 MR150×100mm，定额规定槽盒安装执行钢制槽式桥架，但要进行肯定换算，其对应的支架需要套用铁构件项目而非电缆桥架支撑架制作安装项目。电缆部分为五芯电缆，注意进行肯定换算，同时五芯电缆头也要进行肯定换算。电气工程还应注意进行电气设备调试工程（图 7-82 ~ 图 7-85）。

18	- 030404017018		配电箱	台	1.000		5266.62
	— 30402077	6	成套配电箱安装 集中表箱 AW	台	1.000		5012.10
	— 30404018		焊铜接线端子(导线截面≤10mm2)	个	24.000		7.07
	— 30404018		焊铜接线端子(导线截面≤16mm2)	个	12.000		7.07
19	- 030404017019		配电箱	台	1.000		1053.54
	— 30402077	7	成套配电箱安装 ALds	台	1.000		1053.54
20	- 030404017020		配电箱	台	1.000		5645.13
	— 30402077	8	成套配电箱安装 ALdx (双电源)	台	1.000		5645.13
21	- 030404017021		配电箱	台	1.000		5680.92
	— 30402077	9	成套配电箱安装 ALpd (双电源)	台	1.000		5680.92
22	- 030404017022		配电箱	台	1.000		7496.08
	— 30402077	10	成套配电箱安装 屋顶消防设备配电箱 Alqy(双电源)	台	1.000		7496.08
23	- 030404017023		配电箱	台	58.000		637.69
	— 30402077	11	成套配电箱安装 窗禽开关箱 SX	台	58.000		637.69
24	- 030411003001		桥架	m	185.590		85.12
	— 30409065	1	钢制桥架安装 MR-150×100 槽盒安装	m	185.590		85.12
25	- 030413001001		铁构件	kg	115.994		17.80
	— 30407005		铁构件制作与安装(一般铁构件制作)	t	0.116		12366.25
	— 30407006		铁构件制作与安装(一般铁构件安装)	t	0.116		5434.40
26	- 030408001001		电力电缆	m	5.500		734.78
	— 30409141	1	室内铜芯电力电缆敷设 WDZC-YJY-4×185+1×95 五芯电力电缆敷设	m	5.500		734.78

图 7-82　配电箱、金属线槽、电缆项目

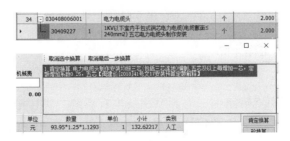

图 7-83　五芯电缆头肯定换算

83	030414002001		送配电装置系统	系统	4.000	1298.16
	30417041		自动投入装置系统调试(备用电源自动投入装置)	系统(套)	4.000	1298.16
84	030414002002		送配电装置系统	系统	1.000	323.68
	30417028		输配电装置系统调试(≤1kV交流供电)	系统	1.000	323.68

图 7-84　电气设备调试项目

85	030409005001		避雷网	m	496.250	34.42
	30410045	1	避雷网安装(沿折板支架敷设)	m	496.250	34.42
86	030409003001		避雷引下线	m	162.800	12.42
	30410042		避雷引下线敷设(利用建筑结构钢筋引下)	m	162.800	11.91
	30410047		避雷网安装(柱钢筋与圈梁钢筋焊接)	处	2.000	41.34
87	030409004001		均压环	m	567.680	5.17
	30410046		避雷网安装(均压环敷设 利用圈梁钢筋)	m	567.680	5.17
88	030409004002		均压环	m2	56.810	19.99
	30410049		避雷网安装(卫生间等电位均压环安装)	m2	56.810	19.99
89	030409002001		接地母线	m	37.300	21.03
	30410058	1	接地母线敷设(户内接地母线敷设)-40*4热镀锌扁钢	m	37.300	21.03
90	030409002002		接地母线	m	171.200	17.11
	30410058	2	接地母线敷设(户内接地母线敷设)-25*4热镀锌扁钢	m	171.200	17.11
91	030411001013		配管	m	0.600	14.50
	30412203	1	砖、混凝土结构暗配(外径≤32mm)	m	0.600	14.50
92	030411001014		配管	m	48.200	9.88
	30412201	2	砖、混凝土结构暗配(外径≤20mm)	m	48.200	9.88
93	030411004010		配线	m	0.600	11.62
	30413030	1	穿动力线(铜芯 导线截面≤35mm2)	单线	0.600	11.61
94	030411004011		配线	m	48.200	2.40
	30413025	1	穿动力线(铜芯 导线截面≤4mm2)	单线	48.200	2.40
95	030409008001		等电位端子箱、测试板	块	11.000	62.18
	30410082	1	等电位装置安装(等电位端子盒安装)	套	11.000	62.18
96	030409008002		等电位端子箱、测试板	块	1.000	139.87
	30410084	1	等电位装置安装(总等电位端子箱 暗装)	个	1.000	139.87
97	030409008003		等电位端子箱、测试板	块	8.000	22.45
	30410048		避雷网安装(接地测试点安装)	处	8.000	22.45

图 7-85　防雷接地装置项目

2. 单价措施项目费

电气工程的单价措施项目主要是脚手架搭拆费，本案例涉及【BJ-4】(图 7-86)。

序号	项目编码	换	项目名称	单位	量价		
					工程量	综合单价	合计
▶ 1	031301017001		脚手架搭拆	项	1.000	6576.31	6576.31
	BJ-4		电气设备安装工程脚手架搭拆费	元	5346.594	1.23	6576.31

图 7-86　电气工程脚手架

7.4.4　案例工程弱电工程计价

1. 分部分项工程费

本案例弱电工程有宽带系统、电话系统及电视系统，其中电视系统仅在楼层电视分配箱出线有配线，进线（干线）均未配线（图 7-87 ~ 图 7-89 ）。

🔒	1		宽带系统			
	2	⊞ 030411003003	桥架	m	181.100	62.04
	3	⊞ 030413001002	铁构件	kg	79.322	17.73
	4	⊟ 030502001001	机柜、机架	台	1.000	319.33
		└ 30502002 1	宽带光纤分配箱FD1(空箱)	台	1.000	319.33
	5	⊟ 030502001002	机柜、机架	台	1.000	319.33
		└ 30502002 2	宽带光纤分配箱FD2(空箱)	台	1.000	319.33
	6	⊟ 030502010001	配线架	个	66.000	275.57
		└ 30502041	弱电箱 310x200x120 (带盖板空箱)	架	66.000	275.57
	7	⊟ 030411005001	接线箱	个	5.000	154.17
		└ 30413184	拉线盒 200×240×120	个	5.000	154.17
	8	⊟ 030411001015	配管	m	19.600	92.36
		└ 30412042	钢管敷设 SC100	m	19.600	92.36
	9	⊞ 030411001016	配管	m	14.500	58.72
	10	⊞ 030411001017	配管	m	24.700	42.28
	11	⊞ 030411001018	配管	m	53.350	36.12
	12	⊞ 030411001019	配管	m	104.400	9.88
	13	⊞ 030411001020	配管	m	570.577	8.36
	14	⊟ 030502007001	光缆	m	1185.600	12.51
		└ 30502024	光缆(管内穿放 2芯多模光纤)	m	1185.600	12.51
	15	⊟ 030502007002	光缆	m	130.240	14.26
		└ 30502028	光缆(线槽内布放 2芯多模光纤)	m	130.240	14.26
	16	⊟ 030502007003	光缆	m	14.500	13.65
		└ 30502025	光缆(管内穿放 16芯多模光纤)	m	14.500	13.65
	17	⊟ 030502020001	光纤测试	链路/点	58.000	22.54
		└ 30502079	测试(光纤)	链路	58.000	22.54
	18	⊟ 030502005001	双绞线缆	m	104.400	6.71
		└ 30502021 1	双绞线缆(管内穿放 UTP-6)	m	104.400	6.71
	19	⊟ 030502019001	双绞线缆测试	链路/点	58.000	4.63
		└ 30502080	测试(大对数线缆(对))	链路	58.000	4.63
	20	⊟ 030502012001	信息插座	个	58.000	17.64
		└ 30502052	宽带插座底盒	个	58.000	17.64

图 7-87　宽带系统项目

	21		电话系统			
	22	⊟ 030502001003	机柜、机架	台	5.000	319.33
		└ 30502002 1	电话分线箱 HX1(空箱)	台	5.000	319.33
	23	⊟ 030502001004	机柜、机架	台	1.000	319.33
		└ 30502002 2	电话分线箱 HX2(空箱)	台	1.000	319.33
	24	⊟ 030411001022	配管	m	19.600	92.36
		└ 30412042	钢管敷设 SC100	m	19.600	92.36
	25	⊞ 030411001024	配管	m	71.300	42.28
	26	⊞ 030411001027	配管	m	368.380	8.36
	27	⊟ 030502006001	大对数电缆	m	71.300	60.59
		└ 30502011 1	大对数线缆(管内穿放 HYA-75*(2*0.5))	m	71.300	60.59
	28	⊟ 030502006002	大对数电缆	m	368.380	2.65
		└ 30502009 1	大对数线缆(管内穿放 HBV-2*0.6)	m	368.380	2.65
	29	⊟ 030502004001	电视、电话插座	个	58.000	17.64
		└ 30502052	电话插座底盒	个	58.000	17.64

图 7-88　电话系统项目

30			电视系统				
31	030502001005		机柜、机架	台	5.000	319.33
	30502002	1	电视前端箱 VX1(空箱)	台	5.000	319.33
32	030502001006		机柜、机架	台	1.000	319.33
	30502002	2	电视前端箱 VX2(空箱)	台	1.000	319.33
33	030502001007		机柜、机架	台	5.000	319.33
	30502002	2	电视分配箱 300x350x120(铁制带盖板)(空箱)	台	5.000	319.33
34	030411001028		配管	m	19.600	92.36
	30412042		钢管敷设 SC100	m	19.600	92.36
35	030411001029		配管	m	42.140	42.28
	30412039		钢管敷设 SC50	m	42.140	42.28
36	030411001031		配管	m	29.000	26.52
	30412037		钢管敷设 SC32	m	29.000	26.52
37	030411001030		配管	m	294.720	8.36
	30412200	2	砖、混凝土结构暗配(外径≤16mm)	m	294.720	8.36
38	030505005001		敷设射频同轴电缆	m	294.720	4.19
	30505120	1	管内穿放视频同轴电缆 SYWV-75-5	m	294.720	4.19
39	030502004002		电视、电话插座	个	58.000	17.64
	30502052		电视插座底盒	个	58.000	17.64

图 7-89　电视系统项目

2. 单价措施项目费

弱电工程的单价措施项目主要是脚手架搭拆费，仍属于电气工程的脚手架搭拆费【BJ-4】（图 7-90）

序号	项目编码	换	项目名称	单位	量价		
					工程量	综合单价	合计
▶ 1	031301017002		脚手架搭拆	项	1.000	952.83	952.83
	BJ-4		电气设备安装工程脚手架搭拆费	元	774.662	1.23	952.83

图 7-90　电话系统项目

7.4.5　案例工程消火栓按钮报警系统工程计价

1. 分部分项工程费

本案例电气工程图纸中的消火栓数量与给排水图纸中不一致，计价时以给排水图纸中的数量为准（23 个）。注意消火栓按钮仅计算安装费（图 7-91）。

▶ 1	030408002001		控制电缆	m	34.490	9.03	311.44	3.417
	30409287	3	室内铜芯控制电缆敷设 ZCN-KVV-2×1.5	m	34.490	9.03	311.44	3.417
2	030408002002		控制电缆	m	35.190	10.65	374.77	4.717
	30409287	2	室内铜芯控制电缆敷设 ZCN-KVV-3×1.5	m	35.190	10.65	374.77	4.717
3	030408002003		控制电缆	m	214.980	12.39	2663.60	6.115
	30409287	1	室内铜芯控制电缆敷设 ZCN-KVV-4×1.5	m	214.980	12.39	2663.60	6.115
4	030411001032		配管	m	208.980	21.97	4591.29	9.879
	30412036		钢管敷设 SC25	m	208.980	21.97	4591.29	9.879
5	030411001033		配管	m	67.680	17.20	1164.10	6.654
	30412035		钢管敷设 SC20	m	67.680	17.20	1164.10	6.654
6	030904003001		按钮	个	23.000	218.48	5025.04	
	30904010	1	按钮安装(消火栓报警按钮)	个	23.000	218.48	5025.04	

图 7-91　消火栓按钮报警系统

2. 单价措施项目费

消火栓按钮报警与消防水池液位显示系统的单价措施项目主要是脚手架搭拆费，本案例涉及【BJ-4】【BJ-9】（图 7-92）。

序号	项目编码	换	项目名称	单位	工程量	综合单价	合计
1	⊟ 031301017003		脚手架搭拆	项	1.000	406.96	406.96
	─ BJ-4		电气设备安装工程脚手架搭拆费	元	134.495	1.23	165.43
	─ BJ-9		消防工程脚手架搭拆费	元	196.363	1.23	241.53

图 7-92　消火栓按钮报警系统脚手架

7.5　其他费用

7.5.1　总价措施费费率修改

总价措施项目的费率根据工程的取费情况自动获取，可以通过改变取费设置中的费用条件来影响措施项目的费率，也可以直接输入所需要的费率。费率被修改后会以黄底红字加以区别显示（图 7-93）。

序号	+/-	编号	名称	计算基数	费率%	合计	计算式
1	增	1	安全文明施工费	4168150	5.24	218411	(FBFXHJ-SBHJ+DJCSHJ)*费率
2	增	2	其他总价措施费	4168150	0.35	14589	(FBFXHJ-SBHJ+DJCSHJ)*费率
3	增	3	防尘措施费	218411	10.5	22933	(AQWMSGF)*费率

图 7-93　总价措施费费率修改

7.5.2　其他费

在其他费界面输入其他项目的金额。【增加默认费用】中为具体项目的明细费用。点击【增加】按钮，增加工程需要费用，修改其计算式进行计算（图 7-94）。

序号	编号	名称	单位	费率(%)	基数	金额	计算式
1	1	暂列金额					
2	1.1	设计变更和现场签证暂列金额					
3	1.2	优质工程增加费			842.38		(FBFXHJ-SBHJ+CSFYHJ)*费率
4	1.3	缩短定额工期增加费			842.38		(FBFXHJ-SBHJ+CSFYHJ)*费率
5	1.4	远程监控系统租赁费					
6	1.5	发包人检测费					
7	1.6	工程噪声超标排污费					
8	1.7	渣土收纳费					
9	2	专业工程暂估价					
10	3	总承包服务费					
11	3.1	专业工程总承包服务费			842.38		(FBFXHJ-SBHJ+DJCSHJ)*费率
12	3.2	甲供材料总承包服务费					JGHJ*费率
13	4	合计					F1+F2+F3

图 7-94　增加默认费用

通过输入费率、计算基数计算相应的明细费用。点击【同步】勾选应用范围实现其他节点也计算该项费用（图 7-95）。

★注：暂列金额细项费用在招标或签订合同时列入暂列金额计算；结算时根据实际列入总价措施项目费中计算。

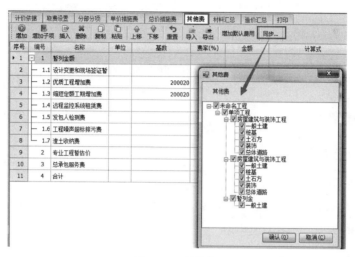

图 7-95　其他费

7.6　造价汇总及报表输出

7.6.1　材料汇总

1. 材料排序

在材料汇总界面点击右键，选择【排序】，根据需求进行材料排序，也可以在材料汇总界面最下方工具栏进行选择排序，以便对材料价格进行调整（图 7-96、图 7-97）。

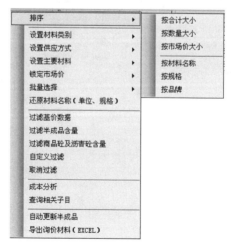

图 7-96　材料排序

序号	选择	材料编号	材料名称	单位	规格	品牌	信息价(不含税)	市场价(不含税)	数量
1		33110240-1	整体水箱	个				18800.000	1.000
2		49011005-1	成套配电箱安装	台	2AL			6746.000	1.000
3		49011005-18	成套配电箱安装	台	5AL			6746.000	1.000
4		49011005-17	成套配电箱安装	台	4AL			6746.000	1.000
5		49011005-16	成套配电箱安装	台	3AL			6746.000	1.000
6		49011005-13	成套配电箱安装	台	屋顶消防设备配电箱			5886.000	1.000
7		49011005-15	成套配电箱安装	台	1AL			5886.000	1.000
8		49011005-9	成套配电箱安装	台	ALpd（双电源）			4415.000	1.000
9		49011005-8	成套配电箱安装	台	ALdx（双电源）			4386.000	1.000
10		49011001	成套配电箱安装 楼总配电箱 ZAL	台				1161.000	1.000
11		49011005-6	成套配电箱安装	台	集中表箱 AW			3873.000	1.000
12		49011004-2	成套配电箱安装	台	应急照明总配电箱 Z			3732.000	1.000
13		49011002-2	成套配电箱安装	台	消防设备总配电箱 X			1675.000	1.000
14		49011002-3	成套配电箱安装	台	消防设备总配电箱 X			1675.000	1.000
15		19000920-8	防止旋流器DN100	个			220	1416.030	1.000
16		23030160-4	薄型单栓带消防软管卷盘式消火栓	套				756.890	5.000
17		21150120-1	连体坐便器	个				750.000	9.090
18		49011005-7	成套配电箱安装	台	ALds			665.000	1.000
19		23030160-5	单栓室内消火栓箱(SG16A65-J型	套				631.176	18.000
20		49011005-5	成套配电箱安装	台	DX3配电箱			609.000	2.000
21		28110020-1	室内铜芯电力电缆敷设	m	WDZC-YJY-4×185+			565.610	5.555
22		49011005-4	成套配电箱安装	台	DX2配电箱			494.000	4.000
23		49011005-3	成套配电箱安装	台	DX1配电箱			418.000	2.000
24		21150010-1	蹲式大便器	套	瓷低水箱			358.830	8.080
25		49011005-11	成套配电箱安装	台	宿舍开关箱 SX			328.000	58.000
26		49011005-20	成套配电箱安装	台	层应急照明配电箱 3			236.000	1.000
27		49011005-22	成套配电箱安装	台	层应急照明配电箱 5			236.000	1.000
28		49011005-21	成套配电箱安装	台	层应急照明配电箱 4			236.000	1.000
29		49011005-2	成套配电箱安装	台	层应急照明配电箱 1			236.000	1.000
30		49011005-19	成套配电箱安装	台	层应急照明配电箱 2			236.000	1.000

图 7-97　按市场价排序

2. 市场价修改、批量调整

在【材料汇总】界面对各种材料市场价金额进行调整。

（1）对材料市场价单条修改

点击需要修改价格的材料所对应的【市场价】列，输入市场价即可完成该材料的市场价格调整。市场价修改后，软件自动更新、计算相关的工程数据（图 7-98）；

计价依据　取费设置　分部分项　单价措施费　总价措施费　其他费　材料汇总　造价汇总　打印

全部人材机汇总　材料分类：所有　人工　材料　机械　半成品　主材　设备　浮动价　单价=0　甲供　甲定　计价的材料　预制构件　显示造价　修改针对当前节点

原造价 208633　当前造价 208633　修改价差 0　累计价差 0　所选择材料合计 381.36

编号排序　合计排序　数量排序　市场价排序　选择所有打印　取消所有打印　市场价=信息价　材料查找　补充编码　市场价调整　合并相同人材机

序号	选择	材料编号	材料名称	单位	规格	品牌	信息价(不含税)	计算信息					材料类别
								市场价(不含税)	数量	合计	增值税率	市场价(含	
1		00010040	定额人工费	元						52326.99			人工
2		04010170-1	散装水泥	kg	42.5		0.28	0.2800	69183.084	19371.26	17	0.330	材料
3		04030230	净干砂（机制砂）	m3			72.72	72.7200	245.613	17861.01	3	75.750	材料
4		04050240-1	碎石	m3	Φ5-31.5		73.54	73.5400	221.441	16284.76	3	75.750	材料
5		04090030-1	粉煤灰	kg	II 级		0.18	0.1800	15526.611	2794.79	3	0.190	材料
6		04090360	粘土膏	m3			29.01	29.0100	1.370	39.76	3	30.300	材料
7		04130570	烧结煤矸石多孔砖	块	190×190×90 MU7.5		0.74	0.7400	17623.886	13041.68	3	0.760	材料
8		09270001	玻璃纤维网格布	m2			2.14	2.1400	178.206	381.36	17	2.500	材料
9		14351100	减水剂	kg	WR-S		3.57	3.5700	897.093	3202.62	17	4.200	材料
10		14410960	YJ-III胶	kg			6.44	6.4400	56.008	360.69	17	7.540	材料
11		34110080-1	水	m3			2.23	2.2300	63.677	142.00	3	2.300	材料
12		49010040	其他材料费	元			1	1.0000	1065.146	1065.15			材料
13		80050150-1	现拌混合砂浆	m3	M5(42.5)		107.69	115.5200	13.052	1507.75			半成品
14		80213570	预拌非泵送普通混凝土	m3	C15(42.5) 碎石31.5mm 塌落度120-160mm		256.72	256.7200	343.319	88136.91		264.420	商品砼
15		99050210-1	灰浆搅拌机	台班	拌筒容量200L		13.99	13.9900	1.807	25.28		15.620	机械
16		99070050	履带式推土机	台班	功率105kW		561.41	561.4100	4.155	2332.46		625.930	机械

图 7-98　材料汇总

当材料市场价高于信息价时，市场价显示红色；当材料市场价低于信息价时，市场价显示绿色。使用区分价格起伏，显示更加直观。

（2）对材料市场价批量修改

如果需要对多条材料市场价进行系数调整，可以点击【市场价调整】来完成（图7-99）。

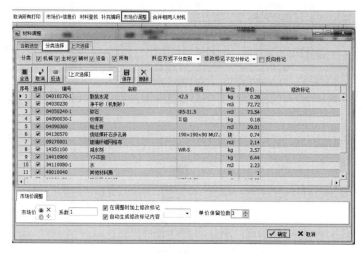

图 7-99　材料调整

1）选择模式

当前选定：列出当前选择的材料（可以是单条材料也可以是多条材料）；

分类选择：通过材料类别、供应方式筛选出对应材料；

上次选择：显示上一次所选择的材料。

2）分类选择

可以通过材料分类来选择需要调整的材料。如果有个别材料不参与调整，你可以在【选择】列将勾去掉即可。

3）系数调整

选择材料计算规则，输入调整系数后，点击【确定】即可完成对材料的批量调整，系统自动调整材料市场价，并完成工程造价的计算（图7-100）。

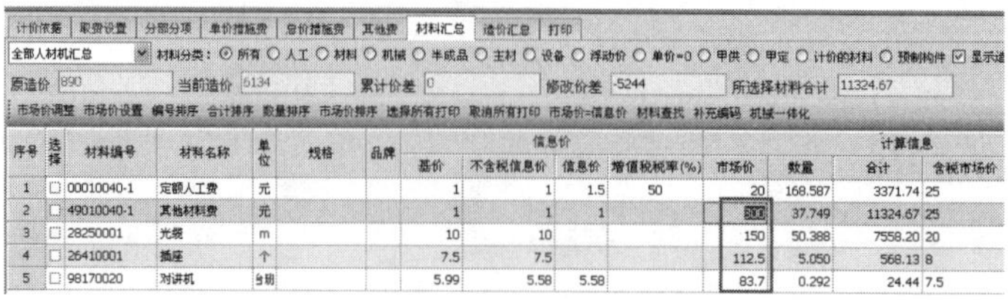

图 7-100　系数调整

3. 市场价恢复

如果需要对材料价格重新调整。可以先将材料价格恢复到原始价格后重新调整，选择需要恢复的材料，点击工具栏中的【市场价 = 信息价】，可以将材料市场价恢复成信息价（图 7-101）。

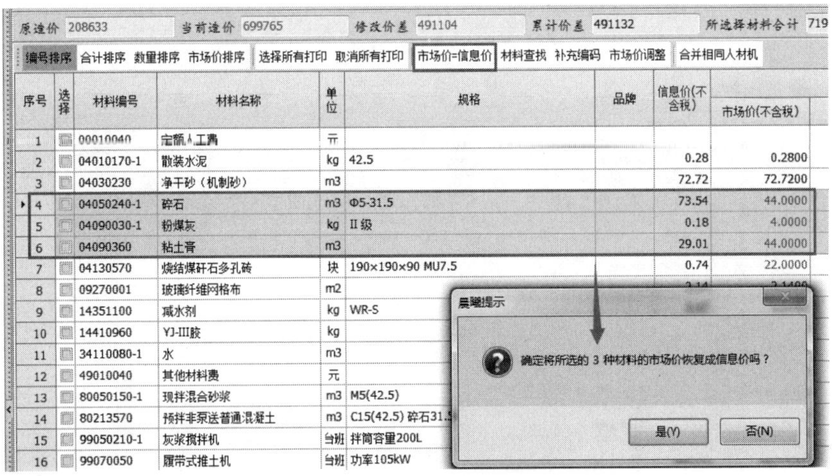

图 7-101　市场价恢复

在弹出确认框中点击【是】即可完成。

如果需要所有材料都恢复，点击序号进行全部恢复。

4. 锁定市场价

通过勾选【锁定市场价】列对材料单价进行锁定，锁定后的材料市场价将不进行系数调整与修改。

5. 查找相关子目

双击材料，会弹出【汇总材料相关定额】提示框，双击提示框中的定额，系统将指引到相关子项的消耗量界面。方便查找对应（图 7-102）。

图 7-102　查找相关子目

6. 返回相关子目（图 7-103）

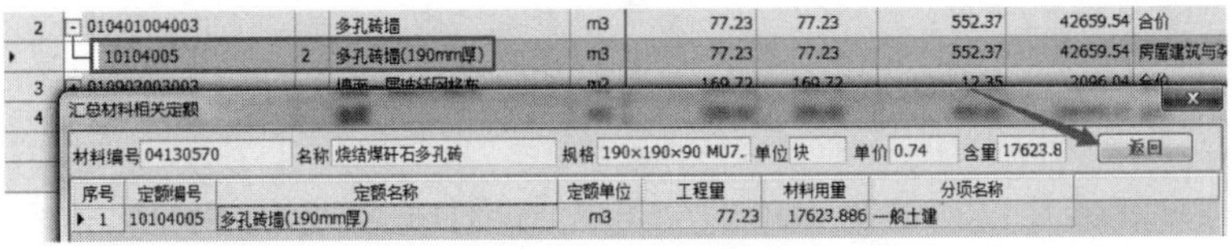

图 7-103　返回相关子目

7.6.2 造价汇总

在造价汇总中，可以查看到构成工程造价的各种费用，如果工程有需要，也可以对造价汇总的计算程序进行修改（图 7-104）。

序号	编号	名称	计算基数	费率%	合价	计算式	[合计]
1	1	分部分项工程费	6070344		6070344	FBFXHJ	□
2	2	措施项目费	1946616		1946616	CSFYHJ	□
3	2.1	总价措施项目费	403728		403728	ZJCSHJ	□
4	2.1.1	安全文明施工费	341289		341289	AQWMSGF	□
5	2.1.2	其他总价措施费	26603		26603	QTZJCSHJ	□
6	2.2	单价措施项目费	1542888		1542888	DJCSHJ	□
7	3	其他项目费				QTXMHJ	□
8	3.1	暂列金额				ZLJ	□
9	3.2	专业工程暂估价				ZYZGJ	□
10	3.3	总承包服务费				ZCBFWF	□
11	4	总造价	8016960		8016960	F1+F2+F3	☑
12		人工费合计	2412532		2412532	RGHJ	□
13		材料费合计	3534068		3534068	CLHJ	□
14		其中工程设备费合计	12707		12707	SBHJ	□
15		其中甲供材料费含税合计				SHJGCLHJ	□
16		施工机具使用费	225512		225512	JXHJ	□
17		企业管理费合计	418581		418581	QYGLF	□
18		利润合计	394280		394280	LIRU	□
19		规费合计				GF	□
20		税金合计	628110		628110	SJ	□

图 7-104 单项工程造价汇总

7.6.3 报表打印

工程编辑完成后，点击【打印】进入到报表打印界面完成报表数据打印输出（图 7-105）。

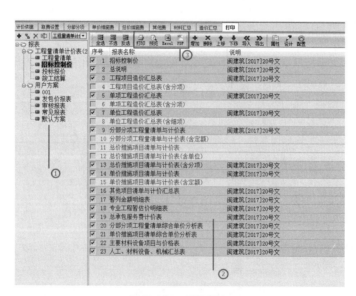

图 7-105 打印报表

在打印界面左边选择适合的报表方案②，系统会自动在中间的报表列表③中列出该方案所包含的所有报表。在需要的报表前面打勾，点击工具栏①中的【预览】【打印】

和【Excel】来完成报表的预览和输出。

1. 报表格式设置

当默认的报表格式不能满足需要时，通过报表格式设置来改变报表格式；报表格式设置分为：常规、数据、空项不打印和精度（小数位）四类。

（1）常规

主要设置报表的下标内容及打印起始页设置。例如打印报表时起始页需要从第6页开始，可以勾选【起始页】，并设置页数为6。

（2）数据

主要是对报表的体现格式进行设置，包含换算符号、是否打印特征序号、特征序号格式及打印顺序等。

（3）空项不打印

当工程里一些数据为"0"或空的时候，可以设置是否将其打印出来。

（4）精度（小数位）

在这里设置所有报表的数据小数位格式，这里设置完成后，报表对应的数据会自动根据所设置的格式显示（图7-106）。

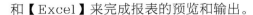

图 7-106 小数位设置

2. 报表设计

如果通过报表格式设置不能满足需要时，可以通过报表设计对报表格式进行修改。选择需要修改的报表，点击鼠标右键，选择【设计】进入报表设计界面进行调整（图7-107、图7-108）。

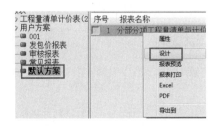

图 7-107 报表设计

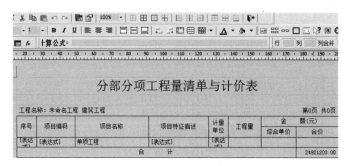

图 7-108　报表设计示例

3. 用户方案

为了方便报表管理，可以建立自己的报表方案，将常用的报表导入到新的报表方案中来，方便在其他工程中使用。勾选常用的报表，选择导出报表方案，确认导出后，将在新增的报表方案中增加该报表（图 7-109）。

图 7-109　增加设计的报表